军迷·武器爱好者丛书

世界名枪

郭长存/编著

辽宁美术出版社

前言
Foreword

作为火器的枪，已经有近千年历史了。在相当长的时期内，枪在人类战争中发挥过举足轻重的作用，其主要成员有手枪、步枪、卡宾枪、机枪、冲锋枪、霰弹枪等。

手枪是最常见的枪支，它是一种单手握持瞄准射击或本能射击的短枪管武器，通常为指挥员和特种兵随身携带，用在50米近程内自卫和突然袭击敌人。现代手枪的基本特点是：变换保险、枪弹上膛、更换弹匣方便，结构紧凑，自动方式简单。现代军用手枪主要有自卫手枪和冲锋手枪。自卫手枪射程一般为50米，弹匣容量8发～15发，发射方式为单发，重量在1千克左右。冲锋手枪亦叫战斗手枪，全自动，一般配有分离式枪托，弹匣容量10发～20发，平时可当冲锋枪使用，有效射程可达100米～150米。现代手枪主要有左轮手枪、自动手枪（半自动手枪）、全自动手枪三种类型。

步枪是单兵肩射的长管枪械。主要用于发射枪弹，杀伤暴露的有生目标，有效射程一般为400米～1000米；也可用刺刀、枪托格斗；有的还可发射枪榴弹，具有点面杀伤和反装甲能力，是现代步兵的基本武器装备。步枪按自动化程度分为非自动、半自动和全自动。按用途分为普通步枪、骑枪（卡宾枪）、突击步枪和狙击步枪。按使用的枪弹，又可分为大威力枪弹步枪、中间型威力枪弹步枪与小口径枪弹步枪。

卡宾枪，即马枪、骑枪。它是枪管比普通步枪短，子弹初速略低，射程略近的较轻便的步枪。卡宾枪的名称来源于英文“Carbine”的译音。卡宾枪实际上归类属于步枪。它一般采用与标准步枪相同的机构，只是截短了枪管，是一种枪管较短、质量较轻的步枪。有人给它下了一个简单的定义——短步枪。至于卡宾枪的枪管有多短，多数词典认为不超过558.8毫米。

机枪又称机关枪，为了满足连续射击的稳定需要，通常备有两脚架，也可安装在三脚架或固定枪座上，主要发射步枪弹或更大口径（12.7 / 14.5毫米）的子弹，能快速连续射击，以扫射为主要攻击方式，透过绵密弹雨杀伤对方有生力量、无装甲车辆或轻装甲车辆以及飞机、船艇等技术兵器。中国的标准是：线膛身管武器其身管内径在20毫米及以上的为炮，身管内径在20毫米以下（不含20毫米）的是枪。按照自动原理不同可以分为两类，一类是以加特林为代表的外部能源机枪，一类是以马克沁、勃朗宁为代表的以枪弹火药燃气为动力的机枪，后者又可以划分为管退式、导气式、自由枪机式、混合式等多种。

冲锋枪，又称短机枪、短机关枪、机关短枪或次机枪，旧译手提机枪或手提轻机枪，一般泛指使用手枪子弹的连发枪械。冲锋枪的设计者对这种武器的共同设计诉求为“轻便”与“全自动射击”。《兵器工业科学技术辞典——轻武器》对冲锋枪的定义是：单兵双手握持发射手枪弹的轻型全自动枪。冲锋枪是介于手枪和机枪之间的武器，比步枪短小轻便，便于突然开火，射速高，火力猛，适用于近战或冲锋，因而得名“冲锋枪”。

霰弹枪，旧称猎枪或滑膛枪，有时也被称为鸟枪。这是一种无膛线（滑膛）并以发射霰弹为主的枪械。霰弹源于民用猎枪弹，最早由欧美国家的军警由实战引用到警方防爆作战中。泛指一发霰弹内包含多发弹丸的子弹，也有独头霰弹、飞镖霰弹、布袋弹、特种弹、催泪弹、非杀伤弹，等等。霰弹枪一般外形和大小与步枪相似，明显分别是其有大口径和粗大的枪管，部分型号无准星或标尺，口径一般达到12号（18.4毫米）以上。霰弹枪射击时火力大，杀伤面宽，是近战的高效武器，已被各国军队、特种部队和警察部队广泛采用。

枪支在人类战争史上留下了浓墨重彩的一笔，了解一些枪支知识，无疑能增强我们的国防意识，更加珍惜我们当下的和平生活，为此，我们组织编写了“军迷·武器爱好者丛书”《世界名枪》这本书。本书精选了世界上100种名枪，从多个方面简明扼要地介绍其特点，同时为每种名枪配备高清大图，希望读者朋友喜欢，又由于世界上的枪支数量实在太多，必然有所疏漏，敬请读者朋友谅解。

目 录
Contents

名枪简史

手枪简史

从火器史来看，手枪大致经历的发展过程是：火门手枪—火绳手枪—转轮打火枪—燧发手枪—击发手枪—左轮手枪（又称转轮手枪）—自动手枪。我们通常所说的现代手枪，一般是指击发手枪、左轮手枪和自动手枪。

手枪的最早雏形在14世纪初或更早的中国，当时出现了一种小型的铜制火铳——手铳。使用时，先从铳口填入火药、引线，然后塞装一些细铁丸，射手单手持铳，另一手点燃引线，从铳口射铁丸和火焰杀伤敌人。而在1331年，普鲁士的黑色骑兵也使用了一种短小的点火枪，骑兵把点火枪吊在脖子上，一手握枪靠在胸前，另一手拿点火绳引燃火药进行射击。

14世纪中叶，意大利出现了一种名为“希奥皮”（scioppi）的短枪，词意即是手枪。这种枪长约17厘米，因此许多人认为这是世界上第一种手枪。

15世纪，欧洲的手枪由点火枪改进为火绳枪。火绳式手枪克服了点火枪射击时需一手持枪，另一手拿点火绳点火的不便，实现了真正的单手射击。

1544年，德国骑兵在伦特战斗中，对法军使用了单手转轮打火枪。随后法国也使用了相同的手枪骑兵。金属弹壳发明后，击发式手枪便出现了，其首要标志是美国人伊桑·艾伦设计了胡椒盒手枪，即多管旋转的击发手枪。但这种手枪较重，击锤抬起时影响瞄准，军用价值有限。

到了17世纪，燧发式手枪出现了，它已具备现代手枪的某些特点，如击发机构具有击锤、扳机、保险等装置，并且枪膛也由滑膛和直线式线膛发展为螺旋形线膛。

1812年，苏格兰牧师福赛斯设计制造出击发式手枪。这种手枪还属于由枪口装弹丸的前装式手枪，操作不便，发射速度也较慢，难以适应作战需要。1825年，美国人德林格发明的德林格手枪，采

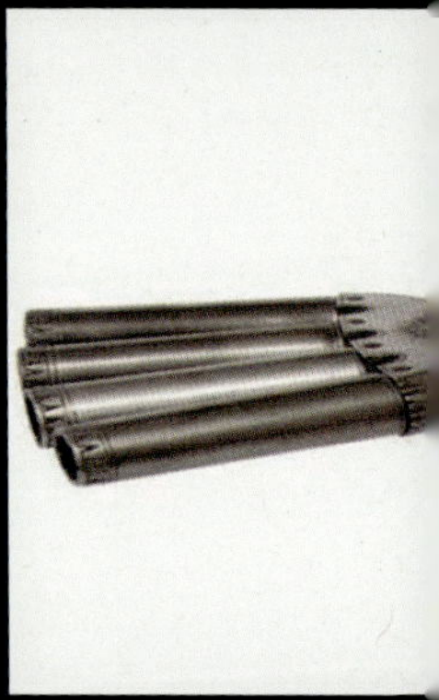

▲ 19世纪初制造的四管燧发手枪

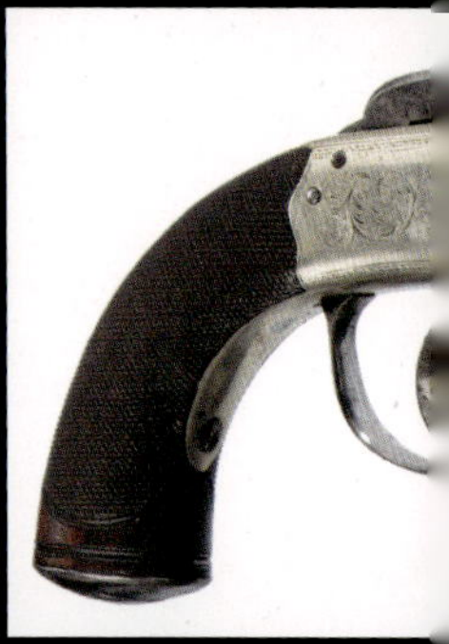

▲ 六管胡椒盒手枪

▲ 柯尔特M1832转轮手枪

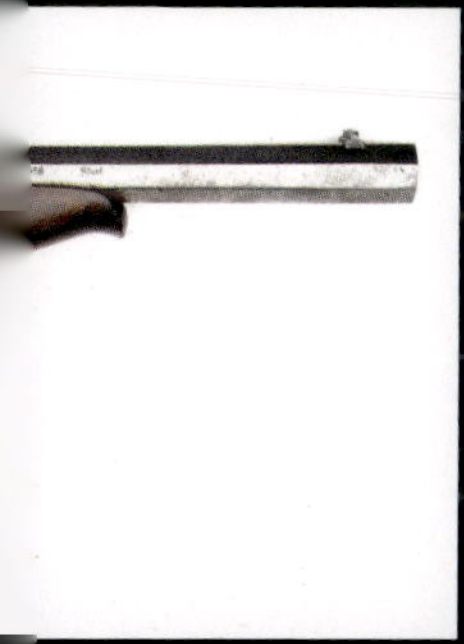

用了雷汞击发火帽装置，提高了手枪的射击性能。1865 年，美国第 16 任总统林肯遭刺身亡，凶手使用的就是这种手枪。

1835 年，美国军人柯尔特发明了装有底火撞击与线膛枪管的左轮手枪，这是第一支真正成功并得到广泛应用的左轮手枪。它作为武器在 1861—1865 年的美国南北战争期间得到迅速发展。1873 年，柯尔特后装式单动左轮手枪被美国陆军正式采用。

1889 年毛瑟手枪问世，确定了自动手枪的结构原理。1893 年，德国制造了第一支实用的博尔夏特自动手枪。德国人鲁格对该枪进行了改进，从而诞生了世界闻名的鲁格手枪。

在两次世界大战期间，自动手枪得到了很大的发展，出现了许多结构新颖、性能优良的自动手枪，如美国的柯尔特 M1911 式手枪，比利时的勃朗宁 9 毫米大威力手枪，苏联的托卡列夫 TT33 式手枪，德国的华尔特手枪，意大利的伯莱塔 M1934 式手枪等，它们在战争中发挥了重要作用。

二战后，世界各国也研制了一些新型手枪，差不多都是自动手枪。这些手枪主要有捷克的 M1975 式手枪，法国的 MAB PA15 式手枪，德国的 HKP9 式手枪，意大利的伯莱塔 M1951 式手枪，奥地利的格洛克 17 ~ 23 系列手枪，苏联的 5.45 毫米小口径手枪等。

从 19 世纪末自动手枪出现到现在，尽管手枪特别是近代手枪在技术上并没有重大的突破，但仍得到了一定的发展，包括手枪自动原理和结构的改进与发展，而且手枪的口径也经历了一个由大到小、又由小到大的发展过程。

▲ 格洛克 17 手枪

▲ 伯莱塔 92F 手枪

步枪简史

步枪的发展过程基本上与手枪类似，都经过火绳枪、燧发枪、前装枪、后装枪、线膛枪等几个阶段，以后又由非自动改进发展成半自动和全自动枪等。

关于步枪的起源，在中国南宋时期出现了竹管突火枪，这是世界上最早的管形射击火器。随后，又发明了金属管形射击武器——火铳，到明代又有了更大的发展。

15 世纪初，欧洲开始出现最原始的步枪，即火绳枪。16 世纪，由于点火装置的改进发展，火绳枪又被燧发枪取代。从 16 世纪至 18 世纪的 300 年间，囿于当时的技术条件，步枪都是前装枪，使用起来费时费事，极为麻烦。

1825 年，法国军官德尔文对螺旋形线膛枪做了改进，设计了一种枪管尾部带药室的步枪，并一改过去长期使用的球形弹丸，发明了长圆形弹丸，不过仍是从枪口中装弹的前装式枪。德尔文的发明对后来步枪和枪弹的发展都具有重大影响，明显提高了射击精度和射程，所以德尔文被称为“现代步枪之父”。

19 世纪 40 年代，德国成功研制德莱赛击针后装枪，这是最早的机柄式步枪。这种枪从枪管的后端装入弹药并用击针发火，因此比以前的枪射速快数倍。但步枪的口径仍然在 15 毫米 ~ 18 毫米。到 60 年代，大多数军队使用的步枪口径已经减小到 11 毫米。

19 世纪 80 年代，由于无烟火药在枪弹上的应用，以及加工技术的发展，步枪的口径大为减小，一般为 6.5 毫米 ~ 8 毫米，弹头的初速和密度也有提高和增加。因此步枪的射程和精度得到了提升。德国的毛瑟步枪便是当时的代表之作。

1908 年，蒙德拉贡设计的 6.5 毫米半自动步枪首先装备于墨西哥军队。一战之后，许多国家加紧对步枪自动装填的研制，先后出现了苏联的西蒙诺夫、法国的 1918 式、德国的伯格曼等半自动步枪。

到了二战后期，各国出现的自动装填步枪性能更加优良；而中间型威力枪弹的出现，则导致了射速更高、枪身更短和质量更小的全自动步枪的出现，这种步枪亦称为突击步枪，如德国的 STG44 突击步枪、苏联的 AK-47 突击步枪等。

二战后，针对枪型不一、弹种复杂所带来的作战、后勤供应和维修上的困难，各国不约而同地把武器系列化和弹药通用化作为轻

▲ 后膛装填步枪

▲ 德军士兵使用装有瞄准镜的 STG44 突击步枪

▲ 米哈伊尔·季莫费耶维奇·卡拉什尼科夫和他的 AK-47 突击步枪

武器发展的方向，并于50年代基本上完成了战后第一代步枪的换装。以美国为首的北约各国于1953年年底正式采用制式步枪弹，即NATO弹，并先后研制成了采用此制式弹的自动步枪。

美国于1958年开始进行发射5.56毫米枪弹的小口径步枪的试验，从而导致了发射M193式5.56毫米枪弹的M16小口径自动步枪的问世。后来，鉴于M16自动步枪具有口径小、初速高、连发精度好、携弹量增加等优点，北约各国也都竞相发展小口径步枪，并出现了一系列发射比利时SS109式5.56毫米枪弹的小口径步枪。此后，北约绝大多数国家完成了战后步枪的第二次换装。

至此，步枪小口径化、枪族化，弹药通用化已取得了决定性的进展。随着中间型枪弹和小口径枪弹的发展，自动步枪、狙击步枪、突击步枪和短突击步枪等现代步枪也得到了更广泛的发展。

近些年来，由于科学技术的迅速发展，也出现了一些性能和作用独特的步枪，如无壳弹步枪、液体发射药步枪、箭弹步枪、未来先进战斗步枪等，为步枪的发展开辟了新的途径。

▲ M16系列突击步枪

卡宾枪简史

德国1898式毛瑟步枪问世以后，20世纪30年代出现了一种缩短了枪管的改型枪——卡宾枪，型号为毛瑟Kar98k卡宾枪，Kar是德文Karabiner（卡宾枪）的简称，不过该枪全长由1898年式的1.25米缩短为1.1米，枪管长度也有600毫米。

在20世纪初由英国出产的李－恩菲尔德短步枪首创了一种“短步枪”的概念，全枪长度由李氏步枪全长1.25米缩短为1.1米。准确地说，这类短步枪全枪长度介于传统的长步枪与卡宾枪之间。

二战时期，卡宾枪的发展空前活跃。M1卡宾枪是枪械历史上按照公认的卡宾枪定义设计及大量生产的一种专门的卡宾枪。美军提出的具体战术技术指标要求是：质量小于2.5千克，取代手枪和冲锋枪作为军士、基层军官或机枪手、炮手、通信兵或二线人员使用的基本武器。于1941年10月正式定型，并命名为“M1卡宾枪”。此外，还有苏联出产的1943年式西蒙诺夫半自动卡宾枪。

▲ 毛瑟Kar98k步枪

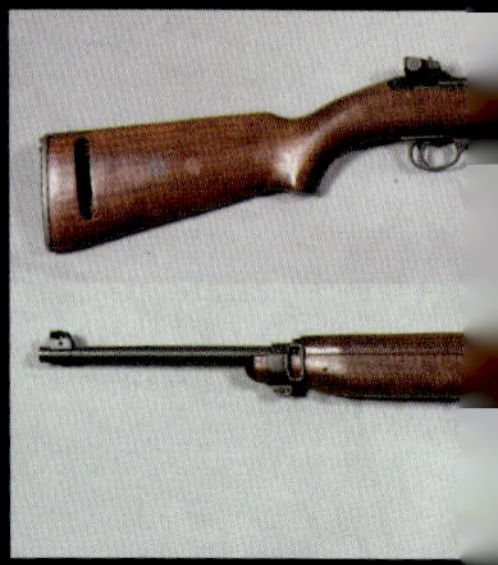
▲ M1卡宾枪

机枪简史

1851年，比利时工程师加特林设计了世界上第一挺机枪，该枪在1870年、1871年的普法战争中使用过。美国的加特林机枪则是大规模用于实战的机枪。

世界上第一种不借助外力，靠子弹的发射药做动力完成自动动作的机枪由英籍美国人马克沁研发。他在1883年首先成功地研制出世界上第一支自动步枪，又在1884年制造出世界上第一支能够自动连续射击的机枪，同年取得应用此原理的机枪专利。

丹麦炮兵上尉乌·欧·赫·麦德森，在马克沁发明重机枪后不久，即开始研制轻机枪。19世纪90年代，麦德森设计制造了一挺可以使用普通步枪子弹的机枪，定名为麦德森轻机枪。

1901年，意大利的吉庇比·佩利诺也曾研制出一种性能非常出色的轻机枪，在世界上处于领先地位。意大利当局决定对其严加保密，直到1916年，意大利军队在一战中吃到了缺少轻机枪的苦头之后，才匆忙将佩利诺机枪投入生产，装备于军队。

▲ 1865年的加特林机枪

德国是一战的战败国。在这次大战中，水冷式重机枪显示了很大威力。所以在1919年美、英、法等战胜国强加给德国的《凡尔赛和约》中，明文规定禁止德国对任何水冷式重机枪的研制。但当时

▲ 1916 年索姆河战役期间，英国维克斯机枪　▲ 美国 M240 通用机枪

德国既要重整军备，发展新武器，又要掩人耳目，避免制裁。所以德国在发展轻机枪的幌子下，研制了一种新型的机枪。这种枪改水冷为空气冷却，枪管装卸非常简便，供弹方式既可用弹链，又可用弹鼓；既可配两脚架，又可装三脚架。这种 MG34 式机枪成为世界上第一种通用机枪。它后来改进发展为 MG42 通用机枪，并还能安装在坦克和装甲车上。

在现代战争条件下，要求提高机枪的机动性和杀伤、侵彻能力。有些班用轻机枪已减小口径，并与突击步枪组成小口径班用枪族，如苏联的 5.45 毫米 AK-74 自动枪。

重机枪在一些国家的机械化部队中已让位于车载机枪，在普通步兵分队中则趋于为通用机枪所取代。大口径机枪的重量已大幅度下降，为了提高穿甲性能，配用了次口径高速脱壳穿甲弹等新的弹种。机枪还正在研究配用无壳弹以增加携弹量，提高持续作战的能力。普通光学、激光和光电夜视瞄准装置正在不断改进，这将进一步提高机枪的精度和全天候作战能力。

冲锋枪简史

1915年，为了适应阵地战的需要，意大利人列维里设计了一种发射9毫米手枪弹的双管连发枪，从而奠定了现代冲锋枪的基础。1918年，德国人斯迈塞尔设计的第一支适用于单兵使用的伯格曼MP18冲锋枪问世，同年，其改进型MP18I冲锋枪正式装备于德国陆军。

20世纪二三十年代是冲锋枪初步发展时期。在这一时期，许多国家对冲锋枪的战术作用认识不足，因而产品型号不多。有代表性的冲锋枪包括意大利的伯莱塔M1938A式，德国的伯格曼MP18I式和MP38式，西班牙的MX1935式和TN35系列，瑞士的MKMO，美国的汤普森M1928A1式等。这些冲锋枪因其结构复杂、成本较高，体积、质量较大，安全性、可靠性差，生产的数量和使用范围受到了限制。

20世纪40年代是冲锋枪发展的全盛时期，包括品种、性能、数量和装备范围都有较大的发展，特别是在二战中发挥了重要作用。这个时期冲锋枪的主要特点是：①普遍采用冲压、焊接和铆接工艺，简化了结构，降低了成本；② 多数枪设有专门的保险机构，以改善安全性；③广泛采用折叠式或伸缩式枪托，以改善武器的便携性，如德国的MP38式是世界上第一支折叠式金属托冲锋枪；④除了苏联采用7.62毫米手枪弹和美国采用11.43毫米手枪弹外，其他国家普遍采用9毫米帕拉贝鲁姆手枪弹，这种枪弹可与大多数手枪通用。

20世纪50年代出现了结构新颖的冲锋枪，性能也不断改善。如捷克斯洛伐克的ZK476式，不仅首先采用包络式枪机，而且是第一支将弹匣装在握把内的冲锋枪。又如，以色列的乌兹冲锋枪为了增强安全性，采用了双保险或三重保险；为减小枪的质量，发射机座、护木和握把等开始采用高强度塑料件。

20世纪60年代，为了满足特种部队和保安部队在特殊环境下作战需要，发展了短小轻便，且可单手射击的轻型、微型冲锋枪。有的冲锋枪还装有可分离的消声器，或与冲锋枪固接的消声器，前者如英国的英格拉姆M10式和德国的MP5SD式，后者如英国的L34A1式微声冲锋枪。

20世纪70年代，一些国家在武器系列化、弹药通用化和小口径化的思想指导下，开始以小的短枪管自动步枪作为冲锋枪，如美国斯通纳枪族中63式、柯尔特CAR15式、德国HK53式等，以更好地完成常规冲锋枪的战斗使命。

▲ MP18 冲锋枪

▲ 伯莱塔 M1938A 冲锋枪

▲ 汤普森 M1928A1 冲锋枪

▲ 伯奈利 M4 super 90 霰弹枪

20 世纪 80 年代以来，使用手枪弹的常规冲锋枪进一步向多功能化、系列化的方向发展。美国的卡利科系列冲锋枪充分应用螺旋式弹匣的设计特点，使全枪结构紧凑、平衡性好，且弹匣容弹量大。另外给冲锋枪配用各种光学瞄准镜、消声器，使其具有多种功能。同时，一些国家还先后研制了集手枪、冲锋枪和短管自动步枪三者性能于一身的个人自卫武器，如比利时的 FNP90 式、德国的 MP5K 式等。这类武器均有结构紧凑、操作轻便、人机工程性能好和火力密集等特点。

霰弹枪简史

霰弹枪作为军用武器已经有相当长的历史，起初枪械是无膛线的鸟铳，虽有膛线的早期前装散装弹药的步枪精度较好，但每次重新装弹都比滑膛枪慢，所以军队仍然是以滑膛枪为主力。

然而，因为 18 世纪后膛步枪和 19 世纪定装弹药的出现，所以不论有无膛线对装弹都没有关系。滑膛枪才退出制式武器列装，而专用来发射霰弹的霰弹枪才出现，而且只限于用来射击快速移动的空中目标，如鸟类和定向飞行泥碟靶。

一战时，手动步枪比同期的手枪射速慢而不太适合堑壕战，军队需要一种可以手持着冲锋或防御阵地的枪械，其必须要能够在极短时间内抛多个弹头，于是霰弹枪成了一战的单兵常用武器之一。当中泵动式设计的 M1917 在美军手中大派用场，于是美国一战结束后，推迟了接受汤普森冲锋枪的计划，而改为装备了 M12。至于同期的自动步枪因为过于笨重，多用作支援进攻或阵地防御并用作轻机枪用途。

霰弹枪装弹量小，装弹速度慢，远距离的精度较差，所以在一战后有较多国家接受冲锋枪，而二战时更出现了突击步枪并在战后被各国广泛采用，其火力及压制能力都比霰弹枪更高，于是大部分国家也减少了霰弹枪的服役数量。

二战后各国警队需要可压制武力的武器，于是霰弹枪便成为各国警察的制式装备之一。霰弹枪的大口径可以用来发射各种非致命性弹药，包括鸟弹、木棍弹、豆袋弹、催泪弹等，并能产生极大的枪口动能，亦可发射低初速极大口径的高能量实心弹头，可用来破坏整道门、窗、木板或较薄的墙壁，使警员可以快速进入匪徒巢穴或劫持人质的场所，因此成为特警队甚至军中特种部队的重要破门工具。

COLT M1873

柯尔特 M1873 转轮手枪（美国）

简要介绍

柯尔特 M1873 转轮手枪结构简单，零件较少，因此在 1873 年美国军方的两次试验中一路过关，最终被美国陆军部批准由军械部订购，列装美国陆军骑兵。因此，此枪又被称为标准骑兵转轮手枪。又因深受美国西部牛仔和治安者的欢迎，俗称“和事佬”转轮手枪。从第一款柯尔特陆军单动转轮手枪诞生开始直到现在，该枪总共有超过 50 种不同的型号。

研制历程

1872 年，柯尔特公司从美国人查尔斯·B. 理查德斯和 W. 梅森手里购买了专利技术，接着在 1873 年设计制造出 M1873 单动式左轮枪。当年美国陆军就进行了采购，并指定了两种型号，陆军 / 骑兵型和炮兵型，从 1873 年到 1893 年，美国陆军购买了超过 3 万 7 千支手枪。在 1941 年柯尔特停止了该枪的大规模商业生产，至此总计生产了约 37 万支。

基本参数（陆军型）	
枪长	279 毫米
枪管长	191 毫米
枪重	1.048 千克
口径	45 毫米
容弹量	6 发
击发方式	单动式

性能特点

M1873 转轮手枪采用单动发射机构，即发射时，需用手将击锤扳至待击位置，再扣动扳机才可实现击发。该枪的固定式转轮座与之前的雷明顿转轮手枪类似，转轮座上的装填口盖和退壳杆也并非柯尔特公司的发明，而是借鉴了法国勒福舍 M1854 转轮手枪的设计。但 M1873 绝对是跨时代的优秀代表，其结构简单、坚固耐用，自从美国军方采用之后，便声名鹊起。

知识链接 >>

第一批柯尔特陆军单动转轮手枪生产出来之后，装备到联邦军队的骑兵队。最有名的使用者是乔治·卡斯特。他使用的骑兵型柯尔特陆军单动转轮手枪伴随其走到了人生的尽头。他用这支柯尔特陆军单动转轮手枪进行了人生的最后一次战斗，直到打光最后一发枪弹后，被印第安人所杀。他的死不仅让他成为英雄，也让柯尔特陆军单动转轮手枪一举成名。

▲ 柯尔特 M1873 转轮手枪

COLT M1911

柯尔特 M1911 手枪（美国）

简要介绍

M1911 手枪及其改进型 M1911A1 手枪，经历了二战、朝鲜战争、越南战争。20 世纪八九十年代不少新型手枪被精锐特种部队和警察部门纷纷放弃，转而重新采用了一度被认为落后于时代的 M1911 手枪，这一切都缘于大口径弹药在实战中无可比拟的绝对杀伤力。现在，各种 M1911 手枪仍然被许多公司生产，提供给军队、执法机构、保安人员和民间枪械爱好者。

研制历程

1907 年，美军方开始招标研制 11.43 毫米大口径左轮手枪及半自动手枪作为其新一代制式手枪。柯尔特公司参加了此次招标，其提交的 M1910 式半自动手枪以结构简单、坚固耐用及安全可靠等性能通过选型试验。在美国军方的进一步改进要求下，柯尔特新样枪于 1911 年参加了美军新一轮手枪选型，并凭借其出色性能，击败所有对手，赢得军用制式手枪合同。同年，美军正式采用，将此枪命名为 M1911 手枪；并于 1912 年 4 月装备部队。根据一战中士兵的反馈，柯尔特公司对 M1911 手枪进行了多处改良，进一步完善了其性能；1926 年被美军采用，命名为 M1911A1 手枪。

基本参数	
枪长	216 毫米
枪管长	127 毫米
枪重	1.1 千克（不含弹匣）
口径	11.43 毫米
容弹量	7 发
有效射程	50 米
弹头初速	247 米 / 秒
发射方式	单动式

性能特点

美国特种作战司令部下属的精锐海军特遣队专门定制的 M1911 手枪，又称“沙漠勇士”，实际射击的测评中，枪械专家使用“沙漠勇士”发射了数千发各型弹药，没有一次枪械故障。在约 6.4 米的射击距离（大多数手枪枪战发生的距离），靶纸上所有的弹孔都在直径 3.8 厘米的圆周内。

知识链接 >>

由于 M1911 手枪大威力和精准且迅速的单动射击模式，美国一些经验丰富的精锐军警部队一直将其列为特战成员制式手枪。1985 年，美军决定以 M9 自动手枪代替 M1911 时，众多 M1911 手枪的爱好者感到惊愕。当国会命令颁布时，美国海军陆战队强烈反对，而海陆空三军内许多特种部队仍然继续使用 M1911 手枪作为辅助武器。

▲ 柯尔特 M1911 手枪

史密斯－韦森左轮手枪（美国）

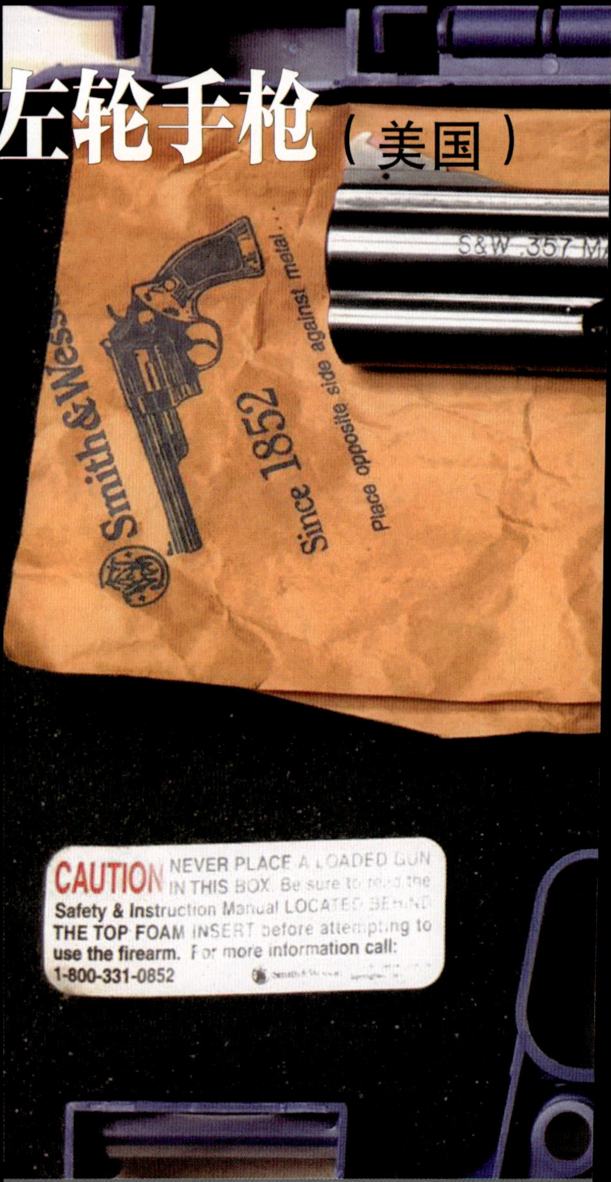

简要介绍

史密斯－韦森左轮手枪是美国著名的史密斯－韦森公司生产的一系列手枪代称，它在世界手枪史上具有举足轻重的地位。20 世纪 50 年代，公司开始以数字的形式规范公司产品名称。原型特种要员转轮手枪用 M36 表示；轻型特种要员转轮手枪用 M37 表示；百年纪念型和轻型百年纪念型分别用 M40 和 M42 表示；轻型“保镖”转轮手枪用 M38 表示；全钢型“保镖”转轮手枪用 M49 表示。

研制历程

史密斯－韦森公司在 1908 年推出了它们的第一支手动退壳左轮手枪型号。1952 年，推出了特种要员转轮手枪的另一个改进型——百年纪念型。该枪采用 M1887 手枪上的隐藏式击锤和握把保险，全钢材料制成。1955 年，更为小巧的改型枪——“保镖”转轮手枪也出现了，其枪身侧面非常平滑，同样采用隐藏式击锤，方便随时抽枪。1965 年，史密斯－韦森公司的第一支不锈钢型特种要员转轮手枪诞生了，被命名为 M60。在今天看来，不锈钢是很平常的材料，但在当年，它的出现令人耳目一新。

基本参数（史密斯－韦森M29）	
枪长	304.8毫米
枪管长	165.1毫米
枪重	1.38 千克
口径	10.9毫米
容弹量	6 发

性能特点

史密斯－韦森手枪的性能，举例说明，M629 是口径为 11.176 毫米的左轮手枪，具有弹膛大的特点，弹膛内可装 6 发枪弹。采用哈夫拉格设计的枪管也是史密斯－韦森公司的典型设计。枪管显得很厚，枪口部加工很精致。它的准星呈斜面型，而且带有红色插片。照门固定板在同类手枪中较短，只延伸至转轮的前端。转轮弹簧设计有改进，更好使用。

知识链接 >>

史密斯－韦森公司是美国最大的手枪军械制造商，由美国人贺拉斯·史密斯与丹尼尔·韦森于 1852 年创立。总部位于美国麻省的斯普林菲尔德。以制造左轮手枪闻名于世。自 1852 年创立至今一直是手枪界领先的公司。它在二战中就生产了 110 万支手枪装备盟军。其制造生产的产品遍布各阶层，并深获各方青睐。

史密斯-韦森左轮手枪

纳甘 M1895 转轮手枪

（俄罗斯帝国 / 苏联）

简要介绍

纳甘 M1895 转轮手枪曾被沙俄帝国陆军广泛使用，在十月革命后亦被苏联所采用。二战期间，加装了抑制器的纳甘转轮手枪被苏联的侦察部队、特种部队和内务人民委员会采用。就像许多外国武器一样，德军也有人使用缴获的纳甘转轮手枪。在俄罗斯服役期间，此枪普遍地被认为是坚固和可靠的。它亦被多国军警采用，采用此枪的国家有瑞典、挪威、波兰和希腊等。这些转轮手枪与俄国采用的十分类似，但没有加入气动密封式的机制。

研制历程

纳甘 M1895 转轮手枪是由比利时人莱昂·纳甘为沙皇俄国陆军所研发的 7 发双动式转轮手枪，诞生于 1895 年。它最初在比利时列日投入生产，后来改在俄国图拉兵工厂、伊热夫斯克机械厂生产。与大部分转轮手枪的运作原理不同，此枪采用了特殊的气体密封式设计。在手枪的击锤被拉低后其弹巢会向前移动，同时亦封闭了弹巢与枪管之间的空隙，增加了子弹的初速，并容许武器能够被消音，这种功能在一般的转轮手枪中并不常见。

基本参数	
枪长	235 毫米
枪管长	114 毫米
枪重	0.8 千克
口径	7.62 毫米
容弹量	7 发
有效射程	22 米
初速	272 米 / 秒

性能特点

当纳甘 M1895 转轮手枪的击锤被拉低以后，会带动弹巢转动并令它向前移动，同时封闭了弹巢与枪管之间的空隙，且此枪使用的弹药也为封闭枪支以防止火药气体从枪中散出提供了相当重要的作用。枪管后部有一个短小的圆锥形部分，这是用来对应弹药顶部的缺口，以完成气密式的作用。在封闭空隙的时候，弹药的初速会增加 15 ~ 45 米 / 秒。

知识链接 >>

转轮手枪是带有转轮式弹膛的手枪，属于机械式多弹巢的单手射击武器，在中国俗称左轮手枪，是 1835 年美国人柯尔特发明的。据说这是他在乘船时观看舵手操作舵轮而获得的灵感。柯尔特于是被称为“转轮手枪之父”。此类枪弹仓在结构上是带弹巢的转轮，弹巢同时也是药室，转轮绕轴转动，弹巢按顺序依次与枪管的延伸部吻合，使其能依次进行发射。

▲ 纳甘 M1895 转轮手枪

托卡列夫 TT-33 手枪（苏联）

简要介绍

托卡列夫 TT-33 是一支很出色的军用半自动手枪，发射俄国人极为推崇的 7.62 毫米 ×25 毫米托卡列夫弹。该枪有一些勃朗宁枪的特点，但创新地使用了一套模块化的内部装置，包括击锤、阻铁、阻铁簧、击锤簧和单发杠杆。该枪的保险装置只有一个击锤半待发保险。是苏军装备的第一种自动装填手枪。它在 1939 年的俄芬战争中首次使用。在随后的二战中成为苏联红军的主要配备。苏联、华约国家、朝鲜都大量生产了这种手枪。

研制历程

TT-33 手枪是苏联著名枪械设计师费约道尔·托卡列夫于 1930 年设计，图拉兵工厂所生产的一种半自动手枪。始名为 TT30，成为苏联的军用制式手枪，之后经过一些小小的改良及简化后，正式称为 TT-33。枪名源于设计者和制造厂的名称首写字母。它是由勃朗宁所设计的 M1911 手枪加以天才般地精简化、省力化所创造的成果。在弹药方面，该枪使用布尔什维克革命时大量进口，而且很容易到手的 7.62 毫米 ×25 毫米子弹，即“盒子炮”子弹。

基本参数	
枪长	196 毫米
枪管长	116 毫米
枪重	0.85 千克
口径	7.62 毫米
容弹量	8 发
有效射程	50米
初速	420米 / 秒
射速	25 发 / 分

性能特点

TT-33 手枪自动方式采用枪管短后坐复进原理，闭锁方式属于枪管起落式，击发机构为击锤回转式，发射机构为单发式，弹匣容量 8 发。全枪由枪管、上节套、下节套、复进装置、扳机部、弹匣组成。该枪由于威力大，精度高，穿透力高，结构简单、紧凑，动作可靠，使用方便，被苏军官兵称为忠实的伙伴。在苏联卫国战争中，TT-33 手枪立下了不少战功。

▲ 托卡列夫 TT-33 手枪

知识链接 >>

半自动手枪又称自动装填手枪，区别于全自动手枪。它是指仅能自动装填弹药的单发手枪。即射手扣动一次扳机，只能发射一发枪弹。它通过火药气体带动枪机，推动套筒后退，完成抛壳和上膛两个动作。扳机的手指即使按的时间长一点，也不会打出第二发子弹。而全自动手枪是可以连发射击的手枪。即手指按着扳机，可以连续射击，直到弹仓里没子弹为止。

马卡洛夫 PM 手枪（苏联 / 俄罗斯）

简要介绍

马卡洛夫手枪又称 PM 手枪，PM 是设计师马卡洛夫名字的英文缩写。该枪 1951 年被苏军选作制式手枪装备部队，后来还广泛装备于警察。由于体积小，重量轻，一般被中级以上军官佩带，所以又称“校官手枪”。其应用广泛，生产量大，是世界上的名枪。俄罗斯还开发了变型枪，包括军用马卡洛夫手枪 P 毫米和民用马卡洛夫手枪贝尔加 IZH-70 系列。除苏联 / 俄罗斯外，在中国和其他前华约国家也有仿制。在 2003 年马卡洛夫手枪正式被新的雅利金 PYa 手枪代替，但在逐步淘汰之前仍然有相当多的 PM 手枪在俄罗斯的军队和执法机构服役。

研制历程

二战后，苏联人总结战时的经验，发现手枪在实战中使用率很低，再加上托卡列夫 TT-33 手枪的一些固有缺点，苏联军方决定开发新的军官自卫手枪，要求比托卡列夫手枪更紧凑、更安全和停止作用更大的半自动手枪。

20 世纪 40 年代末期，苏联设计师马卡洛夫开始按军方要求进行设计。由于 PM 的结构与德国的瓦尔特 PP 近似，有许多人都认为马卡洛夫是模仿德国手枪，但事实上 PM 有很多鲜明特点，比如固定销很少，零件总数少，尽可能一物多用。

基本参数	
枪长	161 毫米
枪管长	93.5 毫米
枪重	0.73 千克
口径	9 毫米
容弹量	8 发
有效射程	50 米
枪口初速	315 米 / 秒

性能特点

马卡洛夫 PM 手枪采用简单的自由后坐式工作原理，结构简单，性能可靠，成本低廉，在当年是同时代最好的紧凑型自卫手枪之一。射击时火药燃气的压力通过弹壳底部作用于套筒的弹底窝，使套筒后坐，并利用套筒的重量和复进簧的力量，使套筒后坐的速度降低，在弹头离开枪口后，才开启弹膛，完成抛壳等一系列动作。其击发机构为击锤回转式，双动发射机构。

知识链接 >>

P 毫米型是对 PM 型的改进，PM 最明显的缺点是较低的停止作用和杀伤力，以及小容量的弹匣。针对这些缺点，20 世纪最后十年间，俄罗斯有关枪械厂对它进行了改进。改进的弹药采用更轻的弹头和燃速更快的发射药颗粒，新枪弹的初速为 430 米 / 秒，比原来的 9 毫米 ×18 毫米弹的 315 米 / 秒要快，使枪口动能提高到 1.7 倍。

▲ 马卡洛夫 PM 手枪

STECHKIN AUTOMATIC PISTOL

斯捷奇金 APS 冲锋手枪（苏联 / 俄罗斯）

简要介绍

斯捷奇金 APS 冲锋手枪诞生在二战后的苏联，简称斯捷奇金手枪。它从 1953 年开始大量装备给苏联军队的炮兵、坦克 / 装甲输送车的车组、步兵中的 RPG-7 射手、前线军官等军事人员，成为世界上唯一被列为制式军用装备的冲锋手枪。

研制历程

苏联在 20 世纪 20 年代后期尝试为军事人员的个人防卫需要而研制一种能全自动射击的大型军用手枪，但没有成功。二战结束后，这个设想被重新提出。1948 年，中央设计研究局的工程师伊戈尔・斯捷奇金正式接受了设计一种新型手枪的任务，设计要求是要采用新的 9 毫米 ×18 毫米马卡洛夫手枪弹，进行半自动和全自动射击，在全自动射击时要求容易操控，并要求可驳接枪托，也即所谓的“冲锋手枪”。这种冲锋手枪很快就设计出来，并在 1951 年与马卡洛夫 PM 手枪一起被苏联军队采用。

基本参数	
枪长	225 毫米
枪管长	140 毫米
枪重	1.02 千克
口径	9 毫米
容弹量	20 发
初速	340 米 / 秒
射速	80 发 / 分

性能特点

斯捷奇金 APS 比起广泛装备的马卡洛夫 PM 手枪有更好的精度和更大的容弹量，而且 APS 既能以半自动模式准确迅速地射击，也能在室内近战的紧急情形下进行全自动射击。现在尽管有更现代化和威力更大的手枪出现，但 APS 由于使用库存量足和价格便宜的 9 毫米 ×18 毫米手枪弹，以及良好的射击精度和较低的后坐力，直到现在仍然被俄罗斯的执法机构尤其是特种部队使用。

知识链接 >>

APS手枪采用自由后坐式工作原理，结构类似马卡洛夫手枪，全钢结构，外露式击锤，双动扳机，复进簧套在枪管外，双排双进弹匣。在钢制套筒的左后方有一个三位置的保险/快慢机柄，为了在自动射击时容易控制，手枪在握把内安装了一个插棒式弹簧缓冲器，并把套筒后坐行程延长到相当于马卡洛夫手枪弹长度的2倍。

▲ 斯捷奇金 APS 冲锋手枪

毛瑟 C96 手枪（德国）

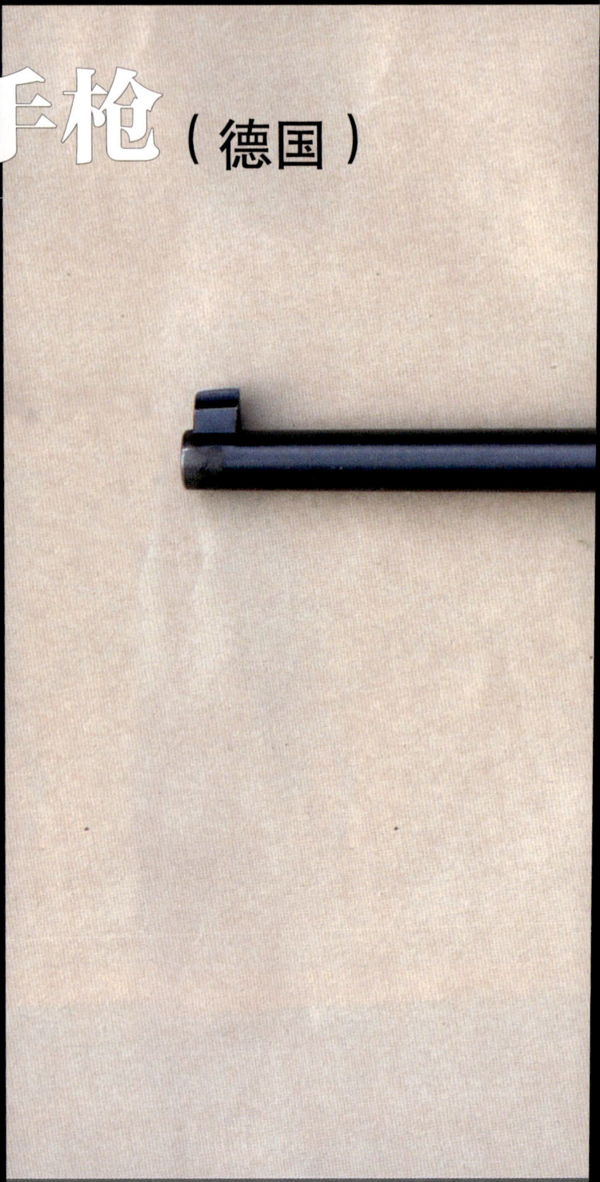

简要介绍

毛瑟 C96 手枪，因其枪套是一个木制的盒子，所以在中国被称为“驳壳枪”“盒子炮”或“匣子枪”。毛瑟兵工厂一直希望德国军队能装备此枪，一战期间德国陆军订购了 15 万支，在战争结束前毛瑟兵工厂交付了 13.5 万支，此后德国陆军不再使用。一战后，被欧洲人看不起的毛瑟 C96 被大量出口到中国。而作为为数不多的选择，坚固耐用的毛瑟 C96 在中国成为不少军队的中坚力量。从问世到停产，毛瑟公司共生产了 100 余万支毛瑟 C96，其中 70% 销往中国，而中国的仿制量更是数倍于此。

研制历程

毛瑟 C96 手枪是毛瑟在 1896 年推出的全自动手枪，最初的毛瑟枪是德国毛瑟兵工厂的菲德勒三兄弟惊奇于博查特 C93 自动手枪的短后坐力原理，而利用工作空闲时间设计出来的。后来毛瑟兵工厂的老板认为此枪具有极高的市场和军用价值，就申请了专利。1931 年，毛瑟兵工厂为了满足中国的市场需求，对毛瑟 C96 进行升级，改进枪击机构使其可连发，并配备 20 发长弹匣。

基本参数	
枪长	288 毫米
枪管长	140 毫米
枪重	1.24 千克
口径	7.63 毫米
容弹量	6 / 10 / 20 / 40 发
射程	100 米
初速	425 米 / 秒

性能特点

毛瑟 C96 手枪的短后坐力原理虽然提高了枪弹速度，但也使大量火药在枪口爆燃，枪口上跳问题严重；其次，它的全枪能量匹配不合理，力矩偏下，使用起来笨重费力；再者，毛瑟 C96 的弹匣前置，导致全枪体积过大，作为步枪又威力太小，而手枪主要是配备给德军军官和炮兵的，毛瑟 C96 自然不及精致小巧的鲁格 P08 手枪那么有吸引力。因此，在一战中，德国军方仅仅是象征性地订购了一批毛瑟 C96 作为鲁格手枪的补充使用。

知识链接 >>

毛瑟兵工厂的历史可以追溯到1811年，国王腓特烈一世在德国黑森林的一个小镇奥伯恩多夫建立的一间皇家兵工厂，专门为普鲁士军队生产武器。毛瑟两兄弟威廉与保罗自小就跟随父亲在这家兵工厂当学徒。哥哥威廉·毛瑟（1834—1882）由于英年早逝，所以名气不及弟弟保罗·毛瑟（1838—1914）。

▲ 以毛瑟 C96 作防空武器使用的奥匈士兵

MGC LUGER P08

鲁格 P08 手枪（德国）

简要介绍

鲁格 P08 是德国人乔治·鲁格设计制造的世界上第一把制式军用半自动手枪，由瑞典军方率先采用。它是两次世界大战中最具有代表性的手枪。到 1942 年停止生产为止，德军制造了 205 万支鲁格 P08，包括至少 35 种改型。主要有标准型（枪管长 102 毫米）、海军型（枪管长 152 毫米）、炮兵型（枪管长 203 毫米）、卡宾枪型（枪管长 298 毫米）和商用型（枪管长有 89 毫米、120 毫米、191 毫米、254 毫米和 610 毫米 5 种）5 种。其中，炮兵型是 P08 手枪中的宝中宝，其射击精度较高，可以 100% 命中 200 米处的人像靶。

研制历程

鲁格 P08 手枪是乔治·鲁格对博尔夏特手枪的改进型，实验品于 1899 年研制成功。1900 年开始投入改良品的生产。其后，又不断进行改革。鲁格 P08 于 1908 年被选为德军的制式手枪并命名。鲁格 P08 最初由德国武器与弹药兵工厂（DWM）独家生产，从 1911 年开始德国的其他兵工厂也投入生产。一战后的一段时期内德国政府禁止生产鲁格 P08，但后来为了出口，DWM 公司重新生产。1933 年，大部分生产转到毛瑟公司直到 1942 年停产。

基本参数	
枪长	222 毫米
枪管长	102 毫米
枪重	0.89 千克
口径	9 毫米
容弹量	8 / 32 发
初速	351 米 / 秒

性能特点

鲁格 P08 式手枪采用枪管短后坐式工作原理，该枪配有 V 形缺口式照门表尺，片状准星，发射 9 毫米帕拉贝鲁姆手枪弹。它最大的特色是其肘节式闭锁机，乔治·鲁格参考了马克沁重机枪及温彻斯特杠杆式步枪的作业原理。配用 9 毫米帕拉贝鲁姆手枪弹和 7.65 毫米手枪弹。由于其生产工艺要求极高，构造复杂，零部件较多，成本也高，并不适合战争时期大量配备，因此该枪在 1938 年被德国卡尔·瓦尔特武器制造厂生产的 P38 手枪取代。

知识链接 >>

枪管短后坐式是枪械自动方式之一，也称为退管式。指的是弹头在膛内运动时，枪机和枪管牢固地扣在一起，共同后坐，直至弹头飞离枪膛，膛内火药与气体压力降低后才完成开锁动作的枪械设计方式。这种自动方式的武器特别适用于配备装甲车辆，因为它可以使膛压相当低时再开锁，这样车体内不致遭受更多的火药气体污染。

▲ 鲁格 P08 手枪

瓦尔特 P99 手枪（德国）

简要介绍

P99 是德国瓦尔特公司在 20 世纪 80 年代推出的一款手枪。由于聘请了奥地利格洛克公司的设计师，因此 P99 在设计特点上多少有点 GLOCK 手枪的影子。它拥有多种型号，除基本型 P99AS 之外，有 P99DAO、P99QA、P99C、P99TA、MI-6 型（也称“詹姆斯·邦德”型），特别值得一提的是，有一种专门针对美国相关法规的美国版 P99，由美国的 S&W 公司组装和销售，称为 SW99。

研制历程

瓦尔特公司在 1988 年推出了 P88 9 毫米手枪，可惜流行不起来。1994 年，瓦尔特公司以 P88 为基础重新设计了一种适合平民自卫或执法人员使用的半自动手枪，并吸收了市场上许多新产品的研究成果，如聚合物制成的整体式底把。瓦尔特的新手枪在 1996 年对外公开，并命名为 P99 自动手枪。最早公布的 P99 是发射 9 毫米 ×19 毫米帕拉贝鲁姆手枪弹。针对意大利的民用市场禁止拥有 9 毫米 ×19 毫米口径的规定，瓦尔特公司还专门提供了 9 毫米 ×21 毫米口径的 P99。

基本参数	
枪长	180 毫米
枪管长	102 毫米
枪重	0.71 千克
口径	9 毫米
容弹量	10 / 16 发
有效射程	50 米
初速	350 米 / 秒

逸闻趣事

著名的间谍电影《007》系列中主角詹姆斯·邦德的随身武器一直是瓦尔特 PPK 袖珍手枪，这把手枪一直传到了第 5 代邦德——皮尔斯·布鲁斯南手上，但是布鲁斯南接拍的第二部 007 电影，即第 18 集 007《明日帝国》中，他手上的武器换成一把让人眼前一亮的漂亮新手枪——瓦尔特 P99，“刚柔并济”的第 5 代詹姆斯·邦德手上拿着这把线条优美的手枪更显绅士风度。

知识链接 >>

P99 的大容弹量、射击准确、可靠和握持舒适等优点与市场上其他成名手枪如西格－绍尔、H&K USP 等手枪相比并无差别。然而由于击发双动时扳机行程过大，成为其遭受诟病的缺点之一；因此瓦尔特公司后来又为 P99 研制了被称为“快速动作式”（QA）的击发机构，即类似于 GLOCK 手枪那样的半双动击发，平常击针处于半待击状态。

▲ 瓦尔特 P99 手枪

HKP7 手枪（德国）

简要介绍

德国的 H&K 公司众多产品中，20 世纪 70 年代生产的 HKP7 型手枪非常具有代表性。HKP7 系列手枪不仅在德国警察、军队中服役相当长的时间，至今也有英国的 SAS 特别空勤团、美国三角洲特种部队、美国中情局等众多著名部队、机构在使用。

研制历程

德国 H&K 公司的 HKP7 系列手枪研制于 1970 年代末。在当时的反恐背景下，德国警方对警用型自动手枪提出了更高的要求，不仅要求火力强大、操作迅速快捷，而且要求更安全可靠，便于携带。HKP7 系列手枪因此应运而生。与大多数著名的单动 / 双动自动手枪不同，HKP7 系列背离了传统的手枪结构设计，其独特的导气式延迟开锁装置、握把保险 / 击发机构，使得该枪不仅设计风格独树一帜，而且其性能更是鹤立鸡群。

基本参数	
枪长	171 毫米
枪管长	105 毫米
枪重	0.78 千克
口径	9 毫米
容弹量	8 发
有效射程	50 米
初速	350 米 / 秒

性能特点

HKP7 手枪后坐力小，采用出气体延迟式开闭锁机构，击发后，部分火药燃气从枪管弹膛前方的小孔进入枪管下方的气室内，当套筒开始后坐时，作用在与套筒前端相连的活塞上的火药燃气给套筒一个向前的力，这样就延迟了套筒的后坐，从而减轻了后坐震动，使工作更加平稳。

知识链接 >>

使用 HKP7 手枪的英国特别空勤团是英国最精锐的特种部队，世界十大特种部队之一。成立于二战初期，最开始的名字是“空降哥曼德”。最早成立的是“L 分队”，直到 1942 年 10 月该单位才增至 390 人，并且更名为“第一空降特勤团”。根据任务需要，今天的 SAS 隶属于英国陆军，受英国陆军本土司令部的指挥。

▲ HKP7 手枪

BERETTA 92F

伯莱塔 92F 手枪（意大利）

简要介绍

意大利伯莱塔公司生产的 92F 手枪是当今世界上自动手枪的代表性产品之一，其原型出自伯莱塔 92 系列手枪，是美国军队装备的制式手枪，美军称其为 M9 式。伯莱塔 92F 手枪枪身使用轻合金制造，整枪重量很轻，性能可靠，美军的青睐使其名声远扬。目前美军已全部装备，替换了装备近半个世纪之久的 11.43 毫米的柯尔特 M1911A1 手枪。在海湾战争中，美军尉官以上军官，包括总司令，腰间别的都是这种枪。

研制历程

1970 年，意大利伯莱塔公司开始设计一种新型手枪，经过 5 年的研制和试验，9 毫米 ×19 毫米帕拉贝鲁姆口径的伯莱塔 92 半自动手枪公之于世。这种以伯莱塔 1951 型手枪为基础而研制的新手枪是新一代的军用手枪。在推出不久后，第一个采用伯莱塔 92 作为制式手枪的军队并非意大利军队，而是巴西军队，此外还有极少量的伯莱塔 92 被提交到意大利的蛙人突击队试用。1985 年，伯莱塔 92F 型手枪力压群雄，被美军选为新一代制式军用手枪，并在美军中重新命名为 M9 手枪。1989 年，美军二次选型又选中该枪改进版，更名为 M10。

基本参数	
枪长	217 毫米
枪管长	125 毫米
枪重	0.945 千克
口径	9 毫米
容弹量	15 发
有效射程	50 米
供弹方式	弹匣
发射方式	枪管短后坐式

性能特点

伯莱塔 92F 手枪有诸多优点，一是射击精度高。该枪开闭锁动作是由闭锁卡铁上下摆动而完成，避免枪管上下摆动时对射弹造成的影响。二是枪维修性好与故障率低，据试验：枪在风沙及尘土、泥浆及水中等恶劣战斗条件下适应性强，其枪管使用寿命高达 10000 发。

知识链接 >>

伯莱塔公司是世界上最古老的枪械生产工业组织之一，早在16世纪初期伯莱塔家族就已经开始生产轻武器了。皮埃特罗·伯莱塔（1870—1957）在20世纪初期接管了家族生意后，开始引入现代化的生产设备和工艺。皮埃特罗的儿子在二战后继续发展公司业务，改进新工艺，开发新产品，使得伯莱塔公司的生意越做越大。

▲ 伯莱塔 92F 手枪

BERETTA PX4 STORM

伯莱塔Px4“风暴”手枪（意大利）

简要介绍

Px4“风暴”手枪是伯莱塔公司的代表作之一，该枪不仅是采用先进技术的护身用手枪的典范，也是先进工艺和外观美的最佳结合。Px4手枪的独特设计已得到广泛称赞，它操作方便、性能可靠。它重视人机工效的模块化握把，具有操作改变方向功能的可互换式弹匣卡笋，具有可互换的套筒卡笋，枪管采用回转式闭锁系统，采用可互换的扳机机构，枪管轴线很低，枪口上跳较少，易于控制枪体，有利于展开快速移动目标的跟踪射击。

研制历程

20世纪80年代后期，奥地利格洛克公司为采用塑料套筒座的自动手枪开创了先河。20世纪90年代，塑料套筒座手枪竞争激烈。在众多企业中，伯莱塔公司是最后一个涉足塑料套筒座手枪设计的。经再三考虑，踌躇满志的伯莱塔公司开发出了采用塑料套筒座的伯莱塔M9000s手枪。然而这是一款“秀外不慧中”的失败作品，伯莱塔公司汲取教训，在2005年推出了Px4“风暴”手枪。

基本参数	
枪长	192毫米
枪管长	102毫米
枪高	140毫米
枪宽	36毫米
枪重	0.785千克
口径	9毫米
容弹量	14 / 17发

性能特点

Px4手枪不只是将M8000“美洲豹”手枪转换为塑料套筒座形成的产品，还有很多细微的改进。该枪的设计非常坚固。虽然在外观上没有采用冒险的设计，但枪体平衡出色，握把的握感极为舒服且自然。在13.7米距离上对准固定式枪靶展开射击的结果，打出了着弹范围57毫米的平均精度，对这一级别长度的枪管而言，可以说是相当出色。

知识链接 >>

Px4 手枪的外观由意大利著名汽车设计师乔杰特·鸠基阿罗设计，套筒座用玻璃纤维强化的工程塑料加工成型，具有出色的防腐性和抗高低温性能。精致小巧的枪体非常适合随身携带，紧急时可做出快速反应。当射手采取双手射姿时，塑料套筒座特有的柔性，有助于保持射击的稳定性。

▲ 伯莱塔 Px4“风暴”手枪

GLOCK 17

格洛克 17 式手枪（奥地利）

简要介绍

格洛克 17 式手枪是奥地利生产的一款名枪，其主要特点是广泛采用工程塑料零部件，不但小巧轻便，而且机构动作可靠，容弹量也大。该手枪使用 9 毫米帕拉贝鲁姆手枪弹。现今该枪已经发展成为具有 4 种口径、8 种型号的格洛克手枪族，并被 40 多个国家的军队和警察装备使用。尤其在美国，它占据了 40% 的警用半自动手枪市场，基本型格洛克 17 式手枪成为现代名枪之一。

研制历程

格洛克 17 式手枪是奥地利格洛克有限公司于 1983 年应奥地利陆军的要求研制的。该枪广泛采用了塑料件，如套筒座、弹匣体、托弹板、发射机座、复进簧导杆、前后瞄准器、扳机、抛壳挺顶杆及发射机座销等，这些塑料件基本由聚甲醛制成，使手枪质量显著地减小到 0.625 千克。它采用柯尔特 – 勃朗宁手枪的枪管偏移式开闭锁结构，借助枪管外面的矩形断面螺纹与套筒啮合连接。

基本参数	
枪长	202 毫米
枪管长	114 毫米
枪重	0.625 千克
口径	9 毫米
容弹量	17 / 19 / 31 发
有效射程	50 米
初速	360 米 / 秒

性能特点

格洛克 17 式手枪扳机保险装置的优点很多。第一是它的使用简便性：扣压扳机就能击发，手指离开扳机就能自动处于保险状态。第二是每次击发的扳机力都是一样的。第三，假如手枪掉在地上或者从射手手中脱落，扳机保险装置能自动地处于保险状态，以避免走火事故的发生。

知识链接 >>

奥地利格洛克有限公司，世界著名的枪械制造商。由工程师格斯通·格洛克创立于 1963 年，坐落于奥地利德意志瓦格拉姆市。很多人都认为格洛克公司在 20 世纪 80 年代推出的格洛克 17 式手枪是世界上最早大量采用工程塑料的手枪，其实世界上第一支大量采用工程塑料的手枪应该是 H&K 公司在 1968 年设计的 VP70 冲锋手枪。只是格洛克 17 式手枪影响巨大。

▲ 格洛克 17 式手枪

GLOCK 37

格洛克 37 式手枪（奥地利）

简要介绍

奥地利格洛克公司推出的格洛克 37 式 11.43 毫米（0.45 英寸）自动手枪及枪弹，最早于 IWA2003 展会上亮相。该枪的“新颖”之处是其使用了新型的 11.43 毫米 GAP 弹，GAP 是“格洛克自动手枪”的缩写。

研制历程

增大威力必然要增大枪弹的尺寸，相应地，弹匣及握把的尺寸也要增大。但既要保持弹匣与握把相对较小，又要增大枪弹威力，实在难办。向这方面发起挑战的正是格洛克 37 式手枪。

格洛克公司的做法是研制新型 11.43 毫米手枪弹。使用过 11.43 毫米 ACP 弹的人都知道，由于该弹选择了性能较好的发射药，因而减少了弹壳内的装药量，弹壳便可相应地缩短些。基于这种思想，格洛克公司试制出较短的 11.43 毫米手枪弹，即 GAP 弹。

基本参数	
枪长	204 毫米
枪管长	114 毫米
枪重	0.74 千克
口径	11.43 毫米
容弹量	10 发
自动方式	枪管短后坐
闭锁方式	枪管偏移式

性能特点

格洛克 37 式手枪的扳机力稳定，操作性能优良。保险装置有扳机保险、击针保险和跌落保险。格洛克 37 式的特征之一是零件少，与 17 式一样只有 33 个零件，是政府型手枪零件数的一半。套筒座由具有抗冲击性能较好的轻型聚合物制成，经久使用不变脆，适用温度 -40℃ ~ +70℃。格洛克的握把，从 17 式以后就考虑了人机工效问题，双侧带有防滑纹。

▲ 格洛克 37 式手枪

知识链接 >>

格洛克 37 式与柯尔特政府型手枪进行射击对比试验，结论如下：质量较轻的格洛克 37 式与质量较重的政府型手枪的后坐不同。政府型手枪的后坐容易控制，恢复到稳定状态的时间短，格洛克手枪差些。但格洛克手枪可在膛口部位下方装上格洛克战术灯，质量增加了 86 克，改变了枪的重心，变得容易操作。

STEYR M1912 PISTOL

斯太尔 M1912 半自动手枪（奥地利）

简要介绍

斯太尔 M1912 半自动手枪属于早期自动装填手枪，也是在一战和二战中被装备使用的一代名枪。作为史上最出色、可靠的手枪之一，它发射奥匈帝国特有的一种枪弹。该枪最初使用弹条装弹系统，这种系统在可卸式弹匣面世前就已废弃不用。1938 年，奥地利被第三帝国吞并，该制式手枪也随之改进枪管以发射 9 毫米 ×19 毫米帕拉贝鲁姆手枪弹。不过，该枪采用的弹药和供弹具不是主流产品，因此在二战后便沉寂了。

研制历程

斯太尔 M1912 手枪的设计师是捷克的伽列·科恩卡。他在 1907 年推出了 M1907 手枪，该枪列装不久，就暴露出设计上的一些不足。为此，科恩卡决定在原有自动方式和闭锁机构的基础上，研制一支更具现代感的自动装填手枪。1910 年，新枪的研制工作开始展开。起初，科恩卡的新枪并未引起军方的兴趣，因此，斯太尔公司只好从 1911 年开始将该枪作为民用型生产，命名为 M1911 手枪。但是转过年，即 1912 年，该枪就被奥匈帝国军队采纳了，军用型定型为 M1912 手枪并开始生产，直到 1918 年生产结束，共生产了 25 万支。

基本参数	
枪长	216 毫米
枪管长	128 毫米
枪重	0.98 千克
口径	9 毫米
容弹量	8 发
膛线	4条，右旋

性能特点

斯太尔 M1912 半自动手枪最大的特征就是采用固定式弹匣、上方装填枪弹的供弹方式。其采用的 8 发固定式弹匣位于握把内，不可拆卸。装弹时，需将套筒拉到后方位置，使套筒上的抛壳窗正对弹匣上端才能装弹。装弹时，既可一发一发地向弹匣内装，也可以使用专门的 8 发桥夹以提高装弹速度。当枪内弹药耗尽时，空仓挂机会将套筒卡在后方位置，以便于迅速装弹。

知识链接 >>

M1912 手枪列装奥军不久，就引起了其他国家军队的关注。罗马尼亚于 1913 年开始订购该枪。1913—1914 年智利军队也与斯太尔公司签下订购合同。巴伐利亚军队于 1916 年与斯太尔兵工厂签下了 1 万支的订单。一战结束后，M1912 手枪继续在奥地利、罗马尼亚、智利、波兰、匈牙利和南斯拉夫军队中服役，并经历了二战的洗礼。

▲ 斯太尔 M1912 半自动手枪

FN57 手枪（比利时）

简要介绍

FN57 手枪，亦称 FN Five-seveN 手枪，其名称来自其使用的子弹直径为 5.7 毫米，同时第一个及最后一个字母以大写强调是 FN 公司的产品。FN57 手枪具有重量轻、后坐力低、弹匣容量高与体积小的优点。由于使用了跟 P90 一样的 5.7 毫米 ×28 毫米子弹（即 SS190 子弹），所以拥有相当的击穿防弹装备的能力，携弹量也较一般手枪多。

研制历程

FN57 手枪是比利时 FN 公司配合 FN P90 而研发的手枪。因为 P90 所用的子弹是全新研制，不能用于现有的手枪，为使有手枪可以与 P90 同用一款子弹，所以需要有 FN57 手枪与之配合，使整个武器系统完整。为使全新的子弹能放进手枪内，1993 年，FN 把 SS90 子弹的弹头改短了 2.7 毫米，并由塑料弹头改用较重的铝或钢制弹头。此新子弹称为 SS190，可同时适用于原有的 P90 及新研发的 FN57，但只销售给军方及执法部门。

直到 2004 年，FN 公司推出 FN IOM 版给民用市场，IOM 版加装了 M1913 导轨，弹匣保险装置，可任意调整的准星等。FN 公司同年也推出了 USG 版本以取代 IOM 版本，USG 版本有其他进一步的小改良，被美国 ATF 认证为运动枪械。

基本参数	
枪长	208 毫米
枪重	0.618 千克
口径	5.7 毫米
容弹量	10 / 20 / 30 发
初速	716 米 / 秒

性能特点

FN57 手枪使用的 SS190 子弹，射击枪口初速高达 716 米 / 秒，可以轻易地穿透 Level IIIA 级防弹背心，甚至四级与五级防护能力防弹背心。SS190 的总能量与 9 毫米枪弹相若，但速度高一倍，后坐力只是 9 毫米枪弹的 70%，重量较 9 毫米枪弹轻，弹头较尖、长。

知识链接 >>

FN57 手枪深受世界各地游戏玩家青睐，在 2011 年美国公司出品的一款游戏《使命召唤：现代战争 3》中，出现了手枪型号 FN57 USG，单人模式时可装弹 15 发，联机模式时则可装弹 16 发。

▲ FN57 手枪

FN BROWNING M1900

勃朗宁 M1900 手枪（比利时）

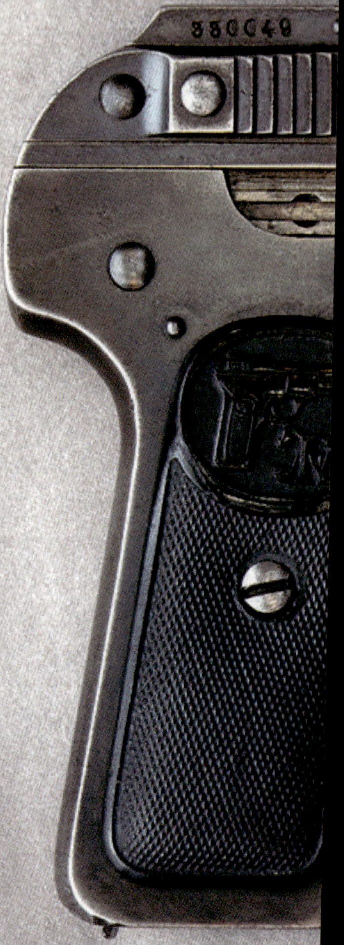

简要介绍

勃朗宁 M1900 手枪（枪牌撸子），是勃朗宁设计、比利时生产的一支以火药燃气为动力、自由枪机式结构的半自动手枪。该枪最具有代表性的就是其套筒结构，这是世界上第一支有套筒的自动手枪。

研制历程

勃朗宁研制手枪始于 19 世纪末，他设计的 M1900 手枪，是世界上第一种自由枪机式手枪，并获得专利。1900 年，比利时的 FN 兵工厂获得生产特许权并开始制造，该手枪被比利时军队列为制式手枪，枪的全称为勃朗宁 M1900 7.65 毫米手枪。该枪由枪管、套筒、握把和弹匣组成，发射 7.65 毫米半突缘式勃朗宁手枪弹。枪管有 6 条膛线导程约 230 毫米。套筒前端设有准星，后端有“V”形缺口照门。套筒前部有平行的上下两孔，上孔容纳复进簧，下孔容纳枪管，击针等部件在套筒后部。是比利时国营赫斯塔尔公司早期大规模生产的第一种约翰·勃朗宁自动手枪。

基本参数	
枪长	162.5 毫米
枪重	0.615 千克
口径	7.65 毫米
容弹量	7 发
膛线	六边形，右旋
初速	290 米 / 秒

性能特点

M1900 手枪射击时，装上实弹匣，拉套筒向后，套筒上部复进簧管内的复进簧导杆一起向后运动，压缩复进簧储存弹力，击针则被阻铁卡住，释放套筒后，枪弹上膛，因为击针被阻铁固定，此时复进簧导杆依旧在后方位置，复进簧保持在压缩状态。扣下扳机，阻铁释放击针，复进簧回弹，通过杠杆将击针向前拨动打击枪弹底火击发。

知识链接 >>

约翰·勃朗宁（1855—1926），美国轻武器设计专家，现代自动或半自动轻武器发展史上的重要人物。13 岁时设计第一支枪，1879 年获得第一支单发步枪的专利权，后来获得多达 128 项枪支的专利权。勃朗宁一生中设计研制成功的手枪、步枪、轻/重机枪和大口径机枪等武器多达 37 种。

▲ 勃朗宁 M1900 手枪

BROWNING HI-POWER

勃朗宁 M1935 手枪（比利时）

简要介绍

M1935 手枪又称为 GP35，在法国也简称为勃朗宁自动手枪（BAP），在英语国家称为勃朗宁大威力自动手枪（BHP）。枪完全由钢件制成，结实耐用，尺寸较传统的勃朗宁手枪明显较大，线条简练，给人以粗犷、敦实的感觉。因为精度良好、容弹量较大，至今仍在现代手枪结构设计中占有重要地位。

研制历程

20 世纪 20 年代初，比利时 FN 公司应法国陆军的要求，开始设计一种全新的军用手枪。勃朗宁打算设计一种发射乔治・鲁格设计的 9 毫米 × 19 毫米帕拉贝鲁姆枪弹的大威力自动手枪。勃朗宁在美国犹他州奥格登的工作室里开始了他的工作，几星期后就研制出两支样品，其中第二种型号就是后来 M1935 的原型。1926 年，勃朗宁因心脏病突发而去世。继任的 FN 总设计师迪厄多内・塞弗继承和发展了勃朗宁的设计思想，先后改进出了 M1928、M1929。

1934 年，M1929 在经历了少许改变后最终被命名为 M1935 手枪。1935 年比利时军队正式采用 M1935 手枪。二战前，FN 公司一共生产了 3.5 万支。

基本参数	
枪长	197 毫米
枪管长	118 毫米
枪重	0.99 千克
口径	9 毫米
容弹量	13 发
有效射程	50 米
初速	335 米 / 秒

性能特点

M1935 以“大威力”著称，主要是区别于以前以 FN 名义设计的各种勃朗宁手枪，如 M1900、M1906、M1910 等，它们多是发射低威力的 7.65 毫米或 6.35 毫米手枪弹。而 M1935 手枪发射乔治・鲁格设计的 9 毫米帕拉贝鲁姆枪弹，对当时欧洲人来说的确是一种威力最大的手枪弹。

知识链接 >>

和当时流行的自动手枪仅有7～10发的弹匣容弹量相比，M1935还拥有超大可拆卸式双排弹匣，其容弹量高达13发，这使得该枪拥有更强的火力，对近距离作战具有重要意义。

▲勃朗宁 M1935 手枪

西格 P210 手枪（瑞士）

简要介绍

P210 手枪由瑞士 SIG 公司研制，发射 9 毫米手枪弹，通过更换枪管、复进簧、套筒后还可以发射 7.65 毫米 ×17 毫米（.32）ACP 和 5.58 毫米（.22）LR 两种口径的子弹。P210 有多种型号，1 型为军用型号，于 1949 年被瑞士军方采用，命名为 M49 手枪；2 型为警用型；4 型是为当时的西德边防警察研制的；5 型是比赛型，枪管较长，采用比赛型扳机；6 型是后来定型生产的民用型，和 2 型接近，但用 5 型的扳机；7 型为 5.58 毫米口径比赛枪；8 型为德国生产的德国枪，不过德国仿造的 P210 通常又带有一个数字 9。

研制历程

P210 系列手枪的原型是在二战末期，由西格公司开发试制的 SIG Petter44 系列手枪。1949 年，瑞士军队代替自 1900 年以来长期占据瑞士军队制式手枪宝座的鲁格手枪，以 P49 的名称制式采用了 SIG Petter44 手枪。瑞士陆军称 P49，而 SIG 公司则以 P210 的名称，将初期型 P210-1 手枪投放民间市场，最高品质的批量生产型 SIGP210 的手枪从此拉开序幕。需要加以区别的是，P210 手枪的系列号以“P”打头，而瑞士陆军制式手枪则以“A”打头。

基本参数	
枪长	215 毫米
枪管长	120 毫米
枪重	0.9 千克
口径	9 毫米
容弹量	8 发
有效射程	50 米
初速	335 米 / 秒

性能特点

P210 的可靠性和耐用性更不用说，20 世纪 80 年代，美国决定为部队换手枪的时候就对它进行了检验。他们对所有可能使用的手枪进行了近乎破坏的试验：摔打、盐水泡、风沙……最后只剩下西格 – 绍尔和伯莱塔两种手枪不分上下。后来选择了造价偏低的意大利的伯莱塔。

知识链接 >>

.22 LR 全名 .22 Long Rifle，是一种历史悠久的底缘底火式子弹，直径为 0.22 英寸（5.58 毫米）。廉价、低后坐力与噪声小使得 .22 LR 成为理想的射击用子弹。标准包装每小盒 50 发，大盒装内则有 10 小盒 500 发。如按照销售记录言，到目前仍然是全世界最普遍的子弹。被使用于许多步枪、手枪、左轮手枪，甚至是滑膛霰弹枪。数十年来是全世界最受欢迎的子弹。

▲ 西格 P210 手枪

SIG SAUER P220

西格-绍尔 P220 手枪（瑞士）

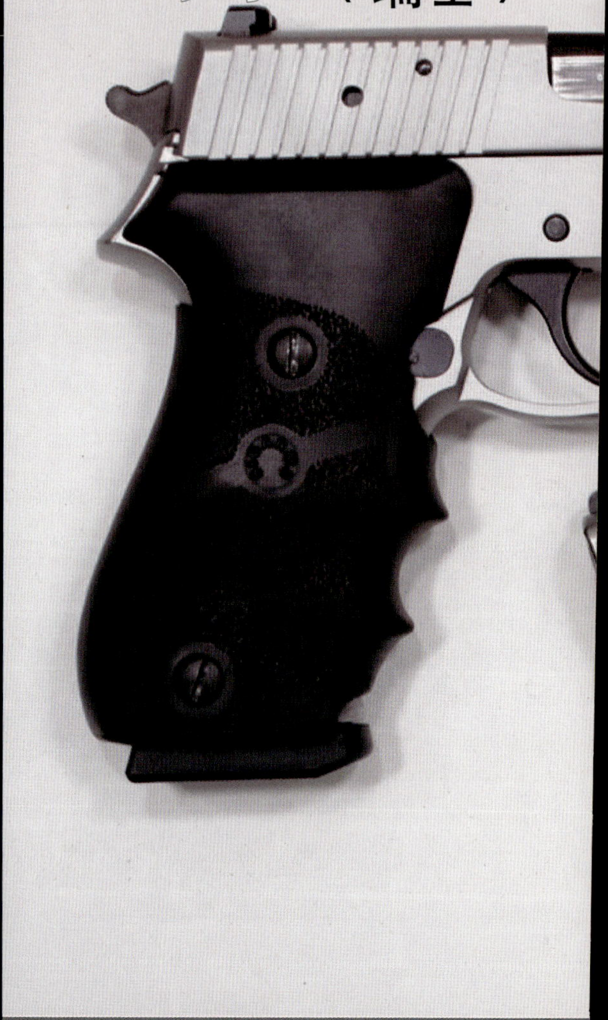

简要介绍

P220 手枪是 SIG 公司以 P210 为基础开发出的一系列手枪，比起 P210 性能更完善，更安全可靠，而且价格也更便宜，因此在军用、警用和民间市场都很受欢迎。P220 手枪是自勃朗宁手枪以来，初次采用枪管闭锁卡笋结构的产品，给后来的半自动手枪枪管短后坐的结构带来了深远的影响，大名鼎鼎的格洛克手枪也不例外。

研制历程

P220 手枪是在 20 世纪 70 年代应瑞士军方的要求而研制的，不过计划在 20 世纪 60 年代末开始。当时瑞士军队装备的 P210 手枪既贵且产量又低，军方需要一种比较便宜的替代产品，但必须是性能优秀的手枪。但由于 SIG 公司的轻武器分部 SIG Arms 规模较小，为了能在手枪的设计和生产上有更大的发展空间，SIG 公司便与德国的 SAUER & SOHN 公司合作研制这种新手枪，因为增加了这个德国的生产车间，以后 SIG 公司便有能力完成任何北约国家的大宗手枪订单。由于是两家公司合作设计和生产的，因此这种手枪全称为 SIG SAUER P220。

基本参数	
枪长	198 毫米
枪管长	112 毫米
枪重	0.75 千克
口径	9 毫米
容弹量	9 发
初速	345 米 / 秒

性能特点

P220 有许多创新的特点，其中之一就是简化了约翰·勃朗宁发明的延迟后坐闭锁方式，只用套筒的抛壳口直接与弹膛外部的闭锁块配合来进行闭锁，而不需要专门在枪管上增加闭锁凸耳，在套筒内铣出闭锁沟槽来配合。由于 P220 的保险机构非常可靠，所以取消手动保险装置，只使用一个待击解脱柄，这种设计虽然不是西格-绍尔的首创，但在 P220 以前极少有。

▲ 西格 - 绍尔 P220 手枪

知识链接 >>

西格公司成立于 1853 年，1974 年收购了绍尔公司。瑞士在历次世界大战中都是中立国，但国民居安思危，有尚武的传统，这对西格 - 绍尔公司发展壮大起到了推动作用。西格 - 绍尔公司生产的轻武器选材精良，工艺先进，自动生产线加工出的零件一致性好，可完全互换，利于产品改型及形成枪族。久负盛名的西格 - 绍尔 P 系列手枪及 SG550 / 551 枪族便是代表。

SIG SAUER P226

西格-绍尔 P226 手枪（瑞士）

简要介绍

P226 是瑞士西格-绍尔公司研发的一种单/双动击发的半自动手枪。在美国，ATF、FBI、DEA、财政与犯罪研究局（IRS/CID）、能源部等联邦机构，还有多个州或地区性警察局的普通警员或特警队采用了 P226 手枪。而许多特种部队也喜欢使用这种优异的辅助武器，包括英国 SAS，美国海军海豹突击队。

研制历程

P226 原是为 1980 年代初期参与美国 XM9 手枪竞争计划而设计的，第一个原型在 1980 年生产，标准的 P226 弹匣容量为 15 发弹。除弹匣外，另一个改进就是两侧都可以使用的弹匣卡笋。最后竞争中意大利伯莱塔 92F 手枪（美军命名 M9 手枪）取胜，而 P226 被评为“技术上可接受”。这样的评语是因为当时测试的标准非常严格，没有一把枪能够通过所有的测试，所以最好的两种也只能评为“技术上可接受”。伯莱塔取胜的原因是价格上有优势。尽管 P226 因为价格问题落败于伯莱塔 92F，但表现极好的 P226 却因此而受到执法机构和特种作战单位的青睐。

基本参数	
枪长	196 毫米
枪管长	112 毫米
枪重	0.865 千克
口径	9 毫米
容弹量	15 发
初速	350 米/秒

性能特点

P226 可以不改变握枪的手势就能直接用拇指操作弹匣解脱扣。如果是左撇子，这个弹匣卡笋也可以反过来安装使用。P226 的射击精度很高，除了扳机扣力外，还有一个原因是闭锁块的设计——P226 的开锁引导面比 P220 上的稍长，这使得 P226 开锁时枪管偏移的时间会比 P220 稍迟一点点，因此 P226 的射击精度更高。

知识链接 >>

.40 S&W 是直径 10 毫米的手枪弹药，它采用无缘式弹壳，是由美国著名的枪支制造商史密斯威森设计的子弹。它从 FBI 之前使用的 10 毫米子弹演化而来，但是结果 10 毫米子弹威力太过强大。FBI 便用较少装药的 10 毫米低速弹（又称“FBI 配方”）来解决这个问题。史密斯威森重新设计了 10 毫米子弹，让它在长度上缩短些，同时要维持 FBI 配方的表现。

▲ 西格 - 绍尔 P226 手枪

SIG SAUER P229

西格－绍尔 P229 手枪（瑞士）

简要介绍

西格－绍尔 P229 手枪是瑞士西格－绍尔公司生产的一款非常可靠的手枪，性能稳定，其被当作西格－绍尔经典枪型 P226 的便携版。P226 有著名的可靠性，美国安全部门选枪时曾对各种手枪做过 10 万发正规测试（无清理上油），唯有 P226 无一发卡壳。P229 也通过类似测试，装配于美国海岸巡逻、英国武装部队等。P229 的准确度较好，因不锈钢筒套比枪身重，射击时吸收一部分后坐力，连发较为准确。

研制历程

P229 手枪是 1988 年西格－绍尔公司为了加入大口径弹药市场，在 P228 基础上研发了 P229 型手枪，P229 因继承 P228 制作工艺，筒套采用冲压加工，在 .40 大口径弹药的作用下，此种工艺成型的钢无法承受膛内压力，因而发生破裂。因为美国拥有较好的机削加工技术，继而销往美洲的 P229 筒套由美国生产。

基本参数	
枪长	180 毫米
枪管长	98 毫米
枪重	0.865 千克
口径	9 毫米
容弹量	12 发
有效射程	50 米
初速	309 米 / 秒

性能特点

P229 手枪结构紧凑，该枪的解脱杆安装在套筒座上，精巧的布局，使之操作简单，再配备精良的瞄具，使人机工效更加合理。它的精度也好，试验表明：在 14 米距离上发射 10 发弹的散布仅为 2.8 厘米 ~ 3.5 厘米。P229 / P226 手感很好，重量合适，瞄准时，一般前准星稍微偏左，扣扳机时向右的力把它拉回中间。

知识链接 >>

P229 标准型采用钢制套筒和合金套筒座，变型枪 P229SL 采用不锈钢套筒，外部的改变主要在于套筒上部表面为弧状，而通常的西格手枪棱角分明。套筒座和控制器与其他西格手枪相同，令使用者感到熟悉，并确保其易操作性。个别型号采用合金套筒座和碳钢套筒或合金套筒座和不锈钢套筒。

▲ 西格 - 绍尔 P229 手枪

SIG SAUER SP2022

西格－绍尔 SP2022 手枪（瑞士）

简要介绍

SP2022 手枪是西格－绍尔公司 SP 系列手枪中的一种，在军警手枪市场竞争中不仅具有价格低的优势，还具有结构紧凑、使用安全、操作简便的优势。因而该枪深受法、美等国军警部门的青睐。

研制历程

1985 年以后，配用聚合物套筒座的奥地利格洛克手枪几乎占领许多国家的军警手枪市场，从而促使许多公司研发聚合物套筒座手枪。1999 年，瑞士西格－绍尔公司推出了聚合物套筒座手枪 SP2340 / SP2009。2002 年，为了参加法国政府执法机构（警察与国家宪兵队）手枪选型试验，又推出了西格－绍尔 SP2022 手枪，最后只剩下 SP2022 与 HK P2000 两者较量，尽管两枪的性能相当，但 SP2022 的标价 280 欧元较低。法国政府最终订购 SP2022 达 27 万支以上。后来，该枪又开始争夺美国市场，2005 年被美陆军选作制式。虽然订货数量只有 5000 支，但对西格－绍尔公司来说，最重要的不是现在的订货数量，而是获得了美国政府订购，这样就可以借机扬名。

基本参数	
枪长	188 毫米
枪管长	99 毫米
枪重	0.822 千克
口径	9 毫米
容弹量	16 发

性能特点

SP2022 手枪继承了 P220 系列手枪的工作原理及基本结构，并在设计上有所创新和改进，从而使该枪具有结构紧凑、牢固、安全性良好和操作简便等特点。该枪套筒座与握把为一体式，采用聚合物制成。套筒座的前端下方有配装皮卡汀尼导轨的防尘盖，这种标准导轨可更广泛配装战术灯、激光指示器等附件。

知识链接 >>

SP2022 手枪继承 P220 系列手枪采用的枪管短后坐式工作原理及枪管摆动式闭锁方式。枪管弹膛下方的椭圆孔与 P210 手枪相同。套筒后退时，空仓挂机的轴与枪管后端椭圆孔的开锁斜面相互作用，使枪管尾端向下倾斜，枪管与套筒脱离，实现开锁。套筒复进时，空仓挂机的轴与椭圆孔的闭锁斜面相互作用，使枪管尾端上抬，闭锁凸笋进入套筒的闭锁槽，实现闭锁。

▲ 西格 - 绍尔 SP2022 手枪

DESERT EAGLE
"沙漠之鹰"手枪（以色列）

简要介绍

"沙漠之鹰"是1980年由MRI发布的一部狩猎手枪。原型枪在1981年完成，而最终定型则是在以色列军事工业公司（IMI）。第一把具有完全功能的0.357口径的手枪问世后成了收藏家和枪械爱好者追逐的对象。现产的"沙漠之鹰"分成Mark Ⅶ和Mark ⅩⅨ两大系列；Mark Ⅶ系列均为0.44口径，有152毫米、254毫米枪管；ⅩⅨ系列则有0.44、0.50两种口径，枪管均为152毫米长，可通过更换部件达到254毫米枪管。

研制历程

1979年，在马格南研究公司有三个人想要研制出一种发射0.357马格南左轮手枪弹的半自动手枪，当时他们的研制计划名称为"马格南之鹰"。第一把原型枪在1981年完成并在1982年公布，当时引起了很大的反响，这种0.357口径马格南的半自动手枪巨大的威力和漂亮的外形引起很多射手的极大兴趣。然后，马格南研究公司需要寻找一家大公司来生产这种手枪，不久就找上了IMI。这种手枪在1983年以IMI生产的"沙漠之鹰"的形式开始生产和销售。不过直到1985年，0.357口径的"沙漠之鹰"才正式出现在美国手枪市场的售货架上。

基本参数（.50AE型）	
枪长	267毫米
枪管长	152毫米
枪重	2.05千克
容弹量	7发
有效射程	200米
初速	402米/秒

性能特点

"沙漠之鹰"的多边形枪管是精锻而成，标准枪为6英寸长（152毫米），另外也有10英寸（254毫米）的长枪管供选用。由于枪管是固定的，并在顶部设有瞄准镜安装导轨，因此可以方便地加上各类瞄准镜。套筒两侧均有保险机柄，左右手操作，弹匣是单排式的，不同口径型号的弹容量不同。握把是硬橡胶制成，但在马格南公司也可特别订制其他的握把。

▲ “沙漠之鹰”手枪

知识链接 >>

由于“沙漠之鹰”手枪相当闻名，因此在许多电影、小说和电子游戏中亦有出现。它彪悍的外形，不是任何人都能控制的发射力量，这种特点使它受到好莱坞的注意，1984 年由 Mickey Rourke 主演的一部动作片《龙年》中，“沙漠之鹰”第一次在电影中登场，从此以后，“沙漠之鹰”在近 500 部电影、电视中亮相，这里的统计还不包括美国以外的影视作品。

NAMBU TYPE 14 PISTOL

大正十四式手枪（日本）

简要介绍

大正十四式手枪，中国俗称“王八盒子”，是二战时期日军装备的制式手枪，也就是日军正规部队普遍装备的标准手枪。入侵中国东北，建立和控制伪满洲国的日军，是最早装备大正十四式手枪的日本侵略军。从军制学的角度讲，大正十四式手枪是当时日军的一件标志性装备。在日军中装备的面很广，从将军到士官，从陆军一般的步兵部队到炮兵、工兵、装甲兵等各个特种兵部队，以及海军和空军的各部队各阶层，普遍装备。作为日军的制式武器，它一般不装备给伪军、汉奸使用，甚至连日本侵华的特务、警察使用该枪的也极少。

研制历程

大正十四式手枪是日本为了解决当时日本军队没有统一制式军用手枪的问题，于1925年（大正天皇十四年）由日本陆军大将南部麒次郎在其设计的南部陆式8毫米半自动手枪的基础上改进而成的。1926年11月，日本名古屋兵工厂开始批量生产大正十四式手枪。该枪很快陆续投入日军使用。

基本参数	
枪长	230毫米
枪管长	117毫米
枪重	0.9千克
口径	8毫米
容弹量	8发
射程	60米

性能特点

大正十四式手枪采用了类似勃朗宁手枪的那种空枪保险机构。当卸下弹匣之后，即使弹膛内仍顶着一发枪弹，并且在没有装定手动保险的情况下，也不会发生走火事故。该枪在整体结构设计上，它比过去的日式手枪简化了很多，使手枪更为紧凑简单，便于大量生产，也减少因结构复杂而造成的故障和给军械技术勤务与保障带来的麻烦。

知识链接 >>

大正十四式手枪何以被国人称为“王八盒子”呢？一是在当时，老百姓通常把枪体较小、用皮质枪套直接别在腰间的手枪，叫作“撸子”，而把枪体较重、使用木质或皮质枪套并用肩背带斜挎在肩上携带的手枪，叫作“盒子枪”；二是由于枪套的盖子采用了圆形凸鼓面硬壳造型样式，远远看去就像“王八盖子”。

▲ 大正十四式手枪

M1903 春田步枪（美国）

简要介绍

M1903 式步枪，因其生产厂商斯普林菲尔德（Springfield）兵工厂亦名斯普林菲尔德步枪，Springfield 的意思是“春天的田野”，因此该枪亦简称为春田步枪。这是一种手动枪机弹仓式步枪，是美国军队制式步枪。经历过一战与二战，亲历了无数次战火硝烟。它是美国士兵的最爱，这为它挣得了长达百年的最长服役记录。

研制历程

1898 年美西战争期间，西班牙士兵使用毛瑟步枪。这次战斗的结果导致美国开始研制毛瑟式的步枪。M1903 式步枪是斯普林菲尔德兵工厂研制的，在德国毛瑟兵工厂的特许下生产。其旋转后拉式枪机仿自德国 98 系列毛瑟步枪，可认为是毛瑟步枪的变型枪。外观上，枪管长度缩短为 610 毫米，整枪长度比毛瑟步枪短，拉机柄向下弯曲。由容量 5 发子弹的弹仓供弹，用 5 发分离式弹夹装弹。该枪配用的 M1906 式步枪弹是在毛瑟式无底缘弹的基础上改进的，成为美国军队以后 50 年间的标准步枪弹药。它是在 1903 年 6 月 19 日被批准作为美军制式装备的。

基本参数	
枪长	1097 毫米
枪管长	610 毫米
枪重	3.94 千克
口径	7.62 毫米
容弹量	5 发
初速	853 米 / 秒

性能特点

M1903 式步枪采用毛瑟 98 步枪经典的旋转后拉式枪机，枪管比毛瑟 98 步枪要短，枪栓改为向下弯曲，便于携带。M1903 式步枪加工工艺堪称精良，在各种恶劣环境下，精度和动作可靠性均能保持良好。早期的 M1903 式步枪还配有杆式刺刀，中等力度的撞击下容易损坏，后改用了匕首式刺刀。

知识链接 >>

一战期间，当美国参战时，美军装备的 M1903 式步枪数量不足，美国将同样仿自德国毛瑟式步枪枪机的一种恩菲尔德步枪 P-14 命名为 M1917 步枪用来补充短缺。1938 年，M1 加兰德步枪开始取代 M1903 式步枪装备美军，由于 M1 式步枪的产量不足，M1903 式步枪仍然是美国军队装备的主要步枪，二战中，美国军队仍大量装备。

▲ 使用加装了瞄准镜的春田步枪的狙击手

勃朗宁 M1918 自动步枪（美国）

简要介绍

勃朗宁 M1918 自动步枪，简称 BAR，由约翰·勃朗宁在一战期间设计并装备美国军队。在此战中只有少量勃朗宁自动步枪服役，它主要用于二战中。M1918 最初设计是作为单兵步枪，但是它实在太重，二战中美军的步兵班需要班组支援武器，于是作为班用自动步枪，使得步兵班的火力大为提高，因此该枪虽名为自动步枪，但在实际使用时却大多作为轻机枪。该枪的时代已经过去。但是，世界范围内不计其数的战场作战已证实了它的实用价值。

研制历程

M1918 自动步枪的设计思想起源于一战的法国战壕，当时交战双方正陷入伤亡惨重的胶着状态，美国于 1917 年 4 月 6 日参战后发现急需一种能在行进间进行突击作战的自动武器。勃朗宁首先与柯尔专利武器制造公司签署了一份协议，1917 年 5 月 1 日，勃朗宁的设计被采纳，迅速装备于美国军队。这就是“勃朗宁自动步枪”，简称 BAR。1918 年 11 月停战之时，已有大约 52238 支 M1918 自动步枪交付使用。此枪的生产一直持续到 1919 年年末才停止，至此时共生产了 102125 支。

基本参数	
枪长	1214 毫米
枪管长	610 毫米
枪重	7.5 千克（A1型） 9.2 千克（A2型）
口径	7.62 毫米
容弹量	20 发
有效射程	600 米
初速	805 米 / 秒

性能特点

M1918 坚固耐用，所有金属部件均经过蓝化工艺处理，该枪机匣用一整块钢加工而成，所以外观上显得粗壮结实。非往复式装弹（待击）拉柄位于机匣左侧，表尺为直立式。它构造简单，分解结合方便。虽然原来设计是作为单兵自动步枪，可由单兵携行，在行进间射击，进行突击作战，压制敌方火力，为己方提供火力支援。但是它的重量大不方便携行，并且发射大威力步枪弹的后坐力使全自动射击时难于控制精度。

知识链接 >>

1918 年 9 月 12 日，第 79 步兵师使用 M1918 是美国军队在战场上使用 M1918 的最早记载。很快 M1918 作为一种战斗武器被证实是很成功的。正如 1919 年助理战争部长所指出的：“M1918 受到了我们的军官及使用过它的人的高度评价，尽管这些枪的使用环境很恶劣，在前线，曾一度在雨中使用，射手们几乎没有时间去擦拭它，但一直工作得很好。”

▲ 勃朗宁 M1918 自动步枪

M1941 约翰逊步枪（美国）

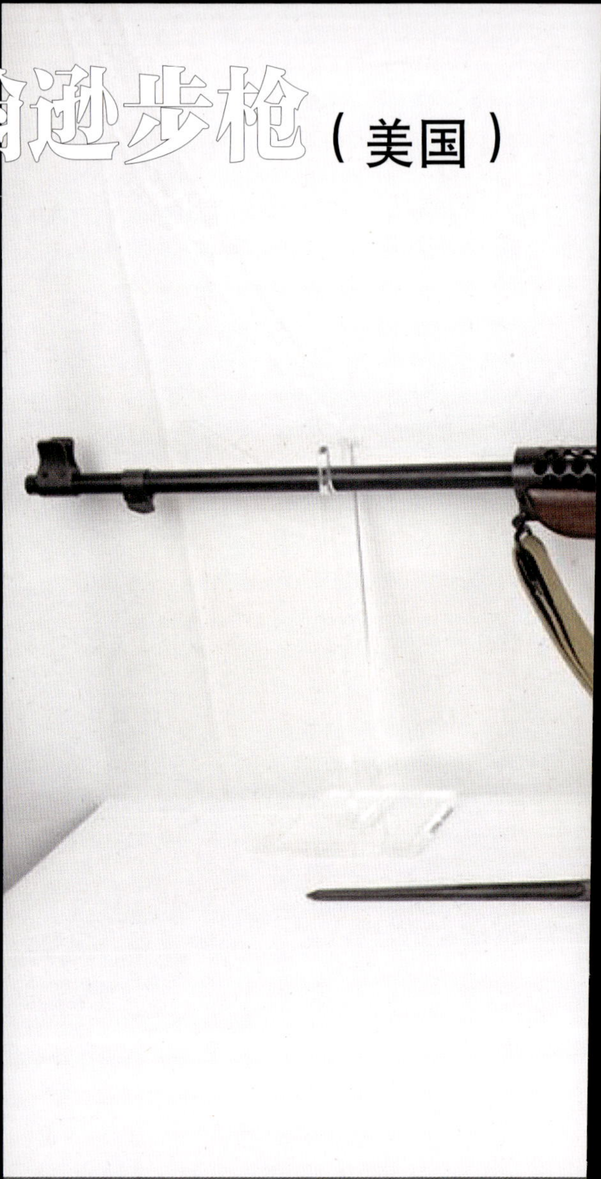

简要介绍

M1941 约翰逊步枪于 1941 年定型，在二战期间被美国海军陆战队选作制式轻武器，另外还装备于美国陆军特种作战部队。该枪不是美国陆军制式武器，陆军一般部队不装备。M1941 步枪可分解成小件捆绑包装，是很重要的优点。美国曾经向德占及日占区的地下抵抗组织空投过不少 M1941 约翰逊步枪。美国战略情报局也采用了该枪。

研制历程

美海军陆战队预备役上尉梅尔文·约翰逊在 1936 年开始试制用以与 M1 加兰德步枪竞争的半自动步枪。约翰逊完成该枪的基本设计后，于 1938 年辞去海军火器公司的工作，自建公司进一步设计约翰逊步枪。他按照自己的观点，设计发展型半自动步枪，并同时试制可选择半自动、全自动射击发射模式的步枪。1940 年 12 月，美陆军对约翰逊试制的半自动步枪进行试验并不看好。1941 年 12 月，日军偷袭珍珠港后，美军特战队装备的 M1 式步枪数量不足，于是就应急启用约翰逊步枪，命名为“M1941”。不过，随着 M1 式步枪的大批量生产步入正轨后，M1941 步枪的产量也就逐渐减少，在 1943 年到 1944 年停止生产。

基本参数	
枪长	1156 毫米
枪管长	558 毫米
枪重	4.3 千克
口径	7.62 毫米
容弹量	10 发
有效射程	732 米
初速	865 米 / 秒

性能特点

M1941 约翰逊步枪采用军用步枪中少见的枪管后坐式原理的自动方式，枪机回转式闭锁方式，射击方式为半自动，采用弧形表尺。发射 M1906 斯普林菲尔德 7.62 毫米 ×63 毫米步枪弹。枪管在子弹击发后因后坐力而后退，应用这个所传递的能量来完成开锁、退壳、闭锁及上膛的动作。

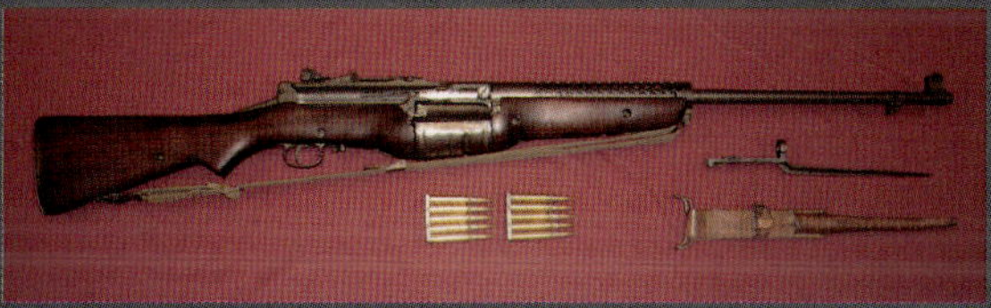

▲ M1941 约翰逊步枪

知识链接 >>

在电视剧《我的兄弟叫顺溜》和电影《集结号》中 M1941 步枪经常作为狙击步枪使用。实际上，M1941 步枪不具备作为狙击步枪的能力，美国陆军之所以没有选用，就是因为它的精度逊于 M1 半自动步枪。而狙击步枪的基本要求就是高精度。当然，在当时物资缺乏的情况下，将普通步枪作为狙击武器是常见的，甚至在战斗中直接把战斗步枪当狙击步枪使用。

M1 加兰德步枪（美国）

简要介绍

M1 加兰德步枪，因其设计师约翰·加兰德而得名，在中国俗称“大八粒”或“八粒快”。在太平洋岛屿、东南亚丛林、非洲沙漠、欧洲战场等二战的大多数战场上 M1 步枪都有过出色表现，被公认为是二战中最好的步枪。在二战和朝鲜战争中 M1 步枪是美国军队的主要步兵武器。美国著名将军乔治·巴顿评价 M1 步枪是“曾经出现过的最了不起的战斗武器”。

研制历程

约翰·加兰德从 1919 年 10 月开始在美国陆军的春田兵工厂从事武器研究和设计工作，其中最著名的产品就是 1935 年 10 月定型的 M1 半自动步枪。1936 年 1 月 9 日，美军开始装备 M1 步枪。M1 步枪投产之后最初生产和装备军队缓慢，随着美国于 1941 年参加二战，M1 步枪产量猛增，除了斯普林菲尔德兵工厂外，温彻斯特公司也成为 M1 步枪的生产承包商。1945 年 8 月 M1 步枪停产时，两家公司共生产了超过 400 万支 M1 步枪。1950 年朝鲜战争爆发后，斯普林菲尔德兵工厂重新生产 M1 步枪。至 1957 年停产，全世界共生产了 M1 步枪近 1000 万支。

基本参数	
枪长	1107 毫米
枪重	4.37 千克
口径	7.62 毫米
容弹量	8 发
有效射程	750 米
初速	865 米 / 秒

性能特点

1939 年加兰德重新设计了步枪的导气装置，改成在枪管下方开导气孔的导气装置。从 1940 年秋天开始，所有新生产的 M1 步枪均采用新的导气装置。之前已经生产且装备于部队的 5 万支 M1 步枪多被改装成新的导气装置。M1 步枪可靠性高，射击精度高，易于分解和清洁，它被证明是一种可靠、耐用和有效的步枪。

知识链接 >>

朝鲜战争初期，普遍营养不良的韩军被美军援助的近 5 千克重的 M1 步枪累得苦不堪言，在仓皇撤退时，为了减轻负担，往往将该枪遗弃在战场上。因此在五次战役中，我志愿军大量缴获该枪及其弹药。于是在此后的很多战斗中，志愿军都是靠 M1 加兰德步枪打败对手。志愿军狙击手也喜欢使用该枪狙杀美军。

▲ 约翰·加兰德（左）在向美军官员讲解 M1 步枪

M1 卡宾枪（美国）

简要介绍

M1 卡宾枪是美国陆军 1940 年左右要求研制的一种替代制式手枪的自卫武器。在二战期间，M1 卡宾枪及其变型枪是一种相当有效的步兵近战武器。在欧洲战场这种武器及其改进型卡宾枪大量装备给士官、侦察兵和空降部队。而在太平洋战场遍地都是，几乎完全取代了 M1 加兰德步枪。

研制历程

1938 年，美国陆军提出研制一种类似于卡宾枪的肩射武器，发射中等威力的弹药，比标准的 0.45 英寸（11.43 毫米）半自动手枪或转轮手枪有更远的有效射程，且要比 M1 加兰德步枪更容易操作，携带更方便。1940 年 6 月 15 日，美国国防部部长正式批准了轻型自卫武器的研制工作，11 月中旬，美国陆军委托温彻斯特公司研制威力介于步枪弹和手枪弹之间的新型枪弹。新枪的研制则在包括温彻斯特公司、柯尔特公司等在内共 11 家公司中产生。1941 年 9 月 30 日，选型委员会认为温彻斯特公司的样枪最适合。该设计方案于 1941 年 10 月正式定型，并命名为 M1 卡宾枪。

基本参数	
枪长	904 毫米
枪管长	458 毫米
枪重	2.36 千克（含空弹匣）
口径	7.62 毫米
容弹量	15 / 30 发
有效射程	300米
初速	607米 / 秒

性能特点

与 M1 加兰德步枪相比，M1 卡宾枪有便于更换的弹匣和较大的容弹量，实际射速高而且后坐力低，其射击精度和侵彻作用比使用手枪弹的冲锋枪强。增加快慢机和大容量弹匣的 M2 火力几乎相当于突击步枪。因此在二战期间 M1 卡宾枪及其变型枪是一种相当有效的步兵近战武器。

▲ 使用 M1 卡宾枪的美军士兵

知识链接 >>

朝鲜战争和越南战争的初期阶段，M1 卡宾枪和它的变型枪仍是被用于一线战斗的武器，但在朝鲜战争期间，M1 卡宾枪由于在低温条件下的可靠性差而名誉扫地，而且据说甚至不能有效射穿厚棉衣。不过在越南战争初期，又轻又短的 M1 卡宾枪又成了一种非常有用的丛林战步枪而受到美国士兵欢迎。

M16 系列自动步枪（美国）

简要介绍

M16 系列自动步枪是二战后美国换装的第二代步枪，是一支轻巧的 5.56 毫米口径步枪，具有通过导气管由高压气体直接推动枪机框操作启动的回转式枪机。它由钢、铝以及复合塑料制成。它的出现对以后的轻武器小型化产生了深远的影响。M16 系列步枪被将近 100 个国家使用，被誉为当今世界六大名枪之一。

研制历程

M16 系列主要由柯尔特轻武器公司以及赫斯塔尔国家兵工厂制造，而世界上很多国家都生产过其改型。它分为三代。第一代是 M16 和 M16A1，于 1960 年代装备使用美军 M193/M196 子弹，能够以半自动或者全自动模式射击。第二代是 M16A2，在 1980 年代开始服役，用来发射比利时 SS109 子弹。M16A2 可以半自动射击，也可以以最多 3 发连发的点射射击方式来射击。第三代是 M16A4，它是 21 世纪初美伊战争中美国海军陆战队的标准装备，也越来越多地取代了之前的 M16A2。

基本参数（M16）	
枪长	1006 毫米
枪重	4 千克
口径	5.56 毫米
容弹量	30 发
有效射程	600 米
初速	975 米 / 秒
射速	900 发 / 分

性能特点

M16 使用直接推动机框的直接导推式原理，枪管中的高压气体从导气孔通过导气管直接推动机框，而不是进入独立活塞室驱动活塞。M16 的机匣是由铝合金制成的，枪管、枪栓和机框是钢制的，护木握把以及后托都是塑料做的。

知识链接 >>

随着东南亚的冲突不断增加，柯尔特研制了两个 M16 的改型，作为狙击之用。柯尔特 M655 高轮廓 M16A1 本质上是标准的 A1 步枪，但是配备了重型枪管以及在可拆卸携带提把上安装的瞄准镜。柯尔特 M656 低轮廓 M16A1 具有一个特别的上机匣，但没有可拆卸携带提把。

▲M16 系列自动步枪

M4 CARBINE

M4 卡宾枪（美国）

简要介绍

M4 卡宾枪是由美国柯尔特公司设计的一款突击步枪，该枪是 M16A2 突击步枪的一种轻量化、小型化的变体，M4 依然沿用 M16 的气体直推传动方式，采用可与 M16 通用的弹匣供弹，可容纳 30 发 5.56 毫米 ×45 毫米北约标准子弹。该枪现已成为美国军队装备量最大的单兵武器之一。

研制历程

美国军队自 1994 年起为了替换老旧的 M16，开始大量装备 M4。M4 首先装备于 82 空降师，用于取替 M16A1 / A2 步枪、M3A1 冲锋枪和车辆驾驶员使用的部分 9 毫米手枪。M4A1 是 M4 的一种重要衍生型，被用作特别作战，亦是现在最常见的版本。另一种重要衍生型 M4 MWS，即 M4 的模组化武器系统（Modular Weapon System）版本，是配备 RIS 护木的柯尔特 M925 卡宾枪，并配有大量战术配件。

基本参数	
枪长	840 毫米
枪管长	368.3 毫米
枪重	2.5 千克
口径	5.56 毫米
容弹量	30 发
有效射程	600 米
初速	884 米 / 秒
射速	980 发 / 分

性能特点

M4 系列由于紧凑的外形和强大的火力（仅限可全自动的 M4A1）受到反恐部队和特种部队的喜爱，这些优点也适用于城市战斗，因此在常规部队的步兵班中，以 M16A4 为主再搭配少量 M4A1 成为流行的模式，而在特种部队和空降部队等快速反应部队中，M4A1 则是主战武器，美国特种作战司令部（USSOCOM）把 M4A1 采用为制式步枪。

知识链接 >>

M4 卡宾枪首次参加实战是在1991 年的海湾战争，战争爆发前需要尽快获得大量的 M16A2 和 M4，因此美国国防部批准增加 M4 的供应商，缅因州的大毒蛇轻武器公司获得一份供应 M4 卡宾枪的采购合同，并为陆军供应了 4000 支 M4，这批枪在“沙漠盾牌”和“沙漠风暴”期间被第 82 空降师使用。

▲ 使用 M4 卡宾枪的美军士兵

M21 狙击步枪（美国）

简要介绍

M21 狙击步枪，亦称为 M21 SWS，是一种半自动狙击步枪，是在 M14 自动步枪的基础上改进研制的。M21 狙击步枪 1969 年装备于美军部队，越南战争后期成为美国陆军、海军和海军陆战队的通用狙击步枪。1988 年开始被 M24 SWS 取代。但 M21 仍在国民警卫队及其他特种作战部队中使用，根据美军狙击小组以两人为单位的基本组成，担任 2 号射手的狙击手也常常采用半自动的 M21 来辅助及掩护使用 M24 SWS 或 M82 的 1 号射手。

研制历程

在越南战场上，虽然 M16 突击步枪全面取代了 M14，使美军在 200 米 ~ 300 米射程上的火力大为增强，但在进行远距离上的精确射击时，M16 则显得无能为力，美国陆军司令部认为急需为作战部队配备一种新型的狙击步枪。最后军方选择了配有莱瑟伍德 3 ~ 9 倍 ART 瞄准镜的一个精确化的 M14NM 半自动步枪，并命名为 XM21。1969 年，陆军的岩岛兵工厂将 1435 支 M14NM 步枪改装成 XM21 狙击步枪，并提供给在越南的美国陆军和海军陆战队的狙击手使用。1969 年 12 月后，XM21 已经被非正式称为 M21，不过直到 1975 年才正式定型为 M21。

基本参数	
枪长	1118 毫米
枪管长	639 毫米
枪重	5.27 千克
口径	7.62 毫米
容弹量	20 发
有效射程	690 米

性能特点

最初的 M21 枪托由核桃木制成，用环氧树脂浸渍，后来改为玻璃纤维护木。开始时，M21 配用的瞄准镜是只有 2.2 倍的 M84 瞄准镜，由于使用效果不理想，很快就更换为詹姆斯·莱瑟伍德少尉设计的 3 ~ 9 倍的 ART（可调距离的望远镜）瞄准镜以及瞄准镜座。在整个越战期间，美军共装备了 1800 支配有 ART 瞄准镜的 M21。

知识链接 >>

在越战中，美军狙击手就经常采用一种被称为“Silent Death”（寂静射杀）的战术。他们在夜间行动，事先埋伏在水稻田里，使用 Sionics 消声器和夜视瞄准具射击 200 米 ~ 300 米距离上的目标，并发射一种初速小于 330 米 / 秒的亚音速步枪弹，以至于传出了美国人使用了激光武器和制导枪弹的传言。

▲ M21 狙击步枪

雷明顿 M40 狙击步枪（美国）

简要介绍

雷明顿 M40 狙击步枪是雷明顿 700 步枪的衍生型之一（另外还有 M24 狙击手武器系统）。1966 年越南战争开始装备于美国海军陆战队，亦是其制式狙击步枪。20 世纪 70 年代又推出了改进型 M40A1 至 M40A6 等，在其他局部战争中频频亮相。

研制历程

1962 年，雷明顿 700 步枪问世，一推出就以其精确性和威力受到称赞，被称为“世界上最强大的后拉式枪机步枪”。这正值越南战争，美国海军陆战队表示需要一种正规的新式狙击步枪。经过测试后，1966 年 4 月 7 日，决定采用雷明顿 700 / 40x 旋转后拉式枪机步枪（雷明顿700的靶枪版本）作为制式狙击步枪，命名为 M40。

1977 年推出的改进型 M40A1 改用温彻斯特 M70 钢制扳机护圈及弹匣底板和较重、表面经乌黑氧化涂层处理的阿特金森不锈钢枪管；1980 年又改用麦克米兰玻璃纤维枪托和 Uneul 10 倍瞄准镜（密位点）；2001 年推出的 M40A3 又配用了新型 M118LR 枪弹，整个狙击系统堪称世界一流，被称为“绿色枪王”。

基本参数	
总长度	1117 毫米
枪管长	610 毫米
口径	7.62 毫米
枪口初速	777 米 / 秒
有效射程	900 米

结构性能

雷明顿 M40 狙击步枪是一种采用转闩式枪机的非自动武器，最初采用重枪管和木制枪托，用弹仓供弹，弹仓为整体式。扳机护圈前边嵌有卡笋，用于分解枪机。弹仓底盖前部的卡笋则用于卸下托弹板和托弹簧。20 世纪 70 年代，M40 被更新成 M40A1，以麦克米兰的玻璃纤维枪托及 Unertl 10 倍瞄准镜替换原来的瞄准镜及木制枪托。

知识链接 >>

M40A3除用于实战外，也在电影《生死狙击》中成为一大亮点，男主角使用它击毙了多名敌人。另外，在包括经典射击游戏《使命召唤4：现代战争》在内的电子游戏中，该枪也很受玩家喜爱。

▲ 雷明顿 M40 狙击步枪

FN SCAR 突击步枪（美国）

简要介绍

FN SCAR 是由比利时 FN 的美国子公司生产的一种突击步枪，它有两种主要类型，一种是 5.56 毫米 ×45 毫米口径的轻型 SCAR（SCAR-L），一种是 7.62 毫米 ×51 毫米的重型 SCAR（SCAR-H）。SCAR-L 和 SCAR-H 都采用模块化枪管，而且都有以下几种型号：标准型（S 型）、室内近战型（CQB 型）和狙击型（SV 型）。其中 SV 型是一种升级模块或一种独立设计的武器。枪管模块化能通过更换上机匣或只更换枪管来完成。

研制历程

美国特种作战司令部（USSOCOM）在 2003 年 10 月 15 日正式提出特种作战部队战斗突击步枪（SCAR）的招标要求，该项目是要求采用一种全新设计的模块化武器来代替 M16 / M4，能够在很短时间内根据不同目的更换 3 种长度的枪管，并能转换口径类型。

在 2004 年 11 月，USSOCOM 正式宣布 FN 美国子公司在 SCAR 项目的竞争中胜出，并已经在 11 月 5 日批给 FN 美国公司一份生产第二批 SCAR 样枪的合同，用于进行进一步的测试和评估。尽管 FN SCAR 诞生的时间很短，但在用户和工程人员的共同合作下，样枪不断改进，至今的量产型已经发展到第 3 代。

基本参数（FN SCAR-LS）

枪长	850 毫米
枪重	3.5 千克
口径	5.56 毫米
容弹量	30 发
初速	600 米 / 秒

性能特点

FN SCAR 步枪继承了 FN FNC 的导气式原理、短行程活塞、AK 式的双闭锁凸笋回转式枪机和固定抛壳挺，这种系统比起 M16 系列在恶劣环境，特别是在沙子、灰尘和其他污垢进入机匣后所受到的影响更少。

知识链接 >>

比利时FN公司始建于1889年。1990年，FN公司被法国地面武器工业集团兼并。公司名直译是“列日市赫斯塔尔国家兵工厂”，取前两个法文词首简称FN公司。FN公司在比利时本土设有7家专业化的工厂，同时在世界上其他国家还经营着近20家子公司。FN公司的美国子公司的名气日益增大，在美国本土或出口其他国家的枪械都由美国公司研制或销售。

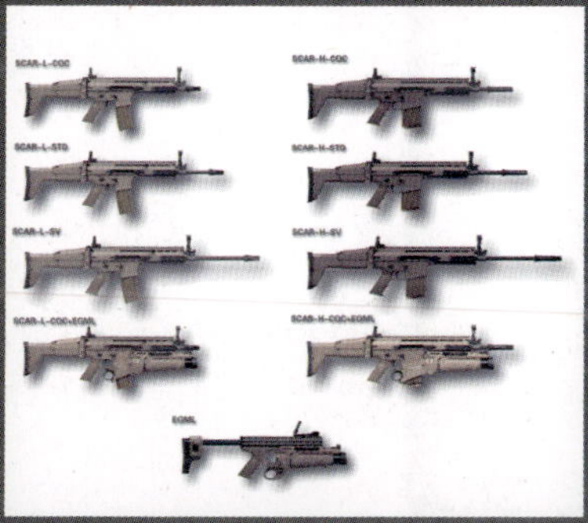

▲ FN SCAR 突击步枪

巴雷特 M82 狙击步枪（美国）

简要介绍

M82 狙击步枪是由美国巴雷特公司研发生产的重型特殊用途狙击步枪（SASR），可以用于反器材攻击和爆炸物处理，M82 具有超过 1500 米的有效射程，搭配高能弹药可以有效摧毁雷达站、卡车、停放的战斗机等目标，因此也称为“反器材步枪”。它以射程远、精度高、威力大等优良性能，几乎在 12.7 毫米狙击步枪市场上占据了统治地位，该枪已装备了数十个国家的军警部队。

研制历程

朗尼·巴雷特原本只是美国田纳西州的一名商业摄影师，1981 年 1 月，一次偶然的机会，促使他下定决心设计一支大口径半自动狙击步枪，当时 12.7 毫米口径仅使用在重机枪上。26 岁的巴雷特纯粹是希望做出一支民用、平价又能发射 12.7 毫米子弹的枪械，于是，从设计到制造，不足一年时间他就拿出了一支样枪。1982 年开始试生产，取名 M82。巴雷特在匡蒂科展示了 M82A1 的精度和威力，虽然未能引起军方的兴趣，但是巴雷特不断进行改进。直到 1989 年才被瑞典的陆军采购了 100 支，正式进入军方市场。

基本参数（M82A1）	
枪长	1447.8 毫米
枪管长	736.7 毫米
枪重	14 千克
口径	12.7 毫米
容弹量	10 发
有效射程	1830 米
初速	853 米 / 秒

性能特点

M82 半自动狙击步枪，采用枪管短后坐原理，半自动发射方式。枪管短后坐原理是著名枪械设计师勃朗宁开发的，而巴雷特将这种原理改进，使之适合作为肩射武器的自动原理。早期型 M82 狙击步枪，没有采用皮卡汀尼导轨，枪口采用的是两段圆锥形制退器，实战证明这种款式的制退器制退效果不佳，于是如今都改成了 V 形双室枪口制退器的款式，据说这种枪口制退器能减少 69% 的后坐力。

知识链接 >>

美国海岸警卫队使用 M82 进行缉毒作战，有效地打击了海岸附近的高速度运毒小艇。M82 也受执法机关钟爱，包括纽约警察局，因为它可以很快地拦截车辆，而且一发就能打坏车子引擎，也能打穿砖墙和水泥，适合城市战斗。

▲ M82 狙击步枪

MCMILLAN TAC-50

麦克米兰 TAC-50 狙击步枪（美国）

简要介绍

TAC-50 是美国制造的一种军队及执法部门用的狙击步枪 / 反器材步枪，也是加拿大军队在 2000 年 4 月采用的“长距离狙击武器”，当发射比赛级弹药的精度高达 0.5 角分（MOA）。用于 2001 年阿富汗战争、伊拉克战争。

研制历程

TAC-50 是由美国麦克米兰公司在 1980 年推出的 12.7 毫米口径的狙击步枪 / 反器材步枪，该枪在 2008 年的售价是 6999 美元（不包括附件）。

▲ TAC-50 狙击步枪

基本参数	
枪长	1448 毫米
枪管长	737 毫米
枪重	11.8 千克
口径	12.7 毫米
容弹量	5 发
有效射程	2000 米
初速	823 米 / 秒

性能特点

TAC-50 采用手动旋转后拉式枪机系统，装有由利亚制造的比赛级浮置枪管，枪管表面刻有线坑以减低重量，枪口装有高效能制退器以缓冲 .50 BMG 的强大后坐力，由可装 5 发的可分离式弹仓供弹，采用麦克米兰玻璃纤维强化塑胶枪托，枪托前端装有两脚架、尾部装有特制橡胶缓冲垫，整个枪托尾部可以拆下。TAC-50 没有机械照门及默认瞄准镜，加拿大军队采用 16 倍瞄准镜。

▲ TAC-50 狙击步枪

知识链接 >>

作为支援美军特种部队的加拿大狙击小组的一员，罗伯·佛朗下士曾用 TAC-50 在 2413.5 米距离击中一名机枪手，创造出当时世界纪录上的最远狙击距离。

SVT-40 半自动步枪（苏联 / 俄罗斯）

简要介绍

SVT-40 半自动步枪是二战期间苏军步兵的主要装备之一。使用 19 世纪 90 年代初开发的俄式 7.62 毫米 ×54 毫米凸缘步枪弹，弹匣容量 10 发。SVT-40 曾作为狙击步枪在二战战场上使用过。二战前，当大多数国家仍旧使用手动装填步枪时，只有美国和苏联率先装备了半自动步枪，美军装备的是著名的 M1 加兰德步枪，而苏联红军装备的则是 SVT 系列 7.62 毫米口径半自动步枪。

研制历程

SVT-40 是在 SVT-38 的基础上改进而成的，目的是改善步枪的操作性能和提高可靠性。该枪于 1940 年 7 月 1 日开始在图拉兵工厂投产，同时莫辛 - 纳甘 M1891 / 30 步枪则开始减产，因为当时苏联打算以后所有的步兵单位都装备新的半自动步枪。由于其结构和工艺比莫辛 - 纳甘步枪复杂，所以生产速度比较慢。不过 SVT-40 的生产速度比原来的 SVT-38 要快，这主要是因为一些零部件被简化，而且生产工人也已经积累了相当多的经验。据报道，SVT-40 第一个月的产量就有 3416 支，第二个月达到 8100 支，到 1940 年 12 月，月产量约有 18000 支，1940 年共生产有 66000 支左右。

基本参数	
枪长	1226 毫米
枪管长	625 毫米
枪重	3.6 千克
口径	7.62 毫米
容弹量	10 发
表尺最大射程	1500 米

性能特点

SVT-40 步枪是一种采用导气式工作原理、弹匣供弹的自动装填步枪。采用枪机偏移式闭锁机构，双闭锁凸耳。优点是刚度好、结构简单、便于生产，勤务性也比较好，但由于枪机单面受力以及开、闭锁时的碰撞，对连发射击精度有一定的影响。不过，SVT-40 作为半自动步枪，这方面的影响并不大。SVT-40 采用击锤式击发机构，手动保险位于扳机后面，将其向下扳动时能阻止扳机扣动；向左上方扳起后，就能正常射击。

知识链接 >>

苏联原本在1940年4月决定把SVT-40用作红军的狙击步枪，然而SVT-40的首发命中率较低，枪口的火焰也容易暴露狙击手的位置。于是在1942年决定重新采用莫辛－纳甘M1891 / 30 PE型狙击步枪，而原本为SVT研制的1940型瞄准镜由于结构简单,易于大量生产,被重新命名为PU瞄准镜，并作为莫辛－纳甘M1891 / 30 PU型狙击步枪的标准配置。

▲ SVT-40半自动步枪

AK-47 自动步枪（苏联）

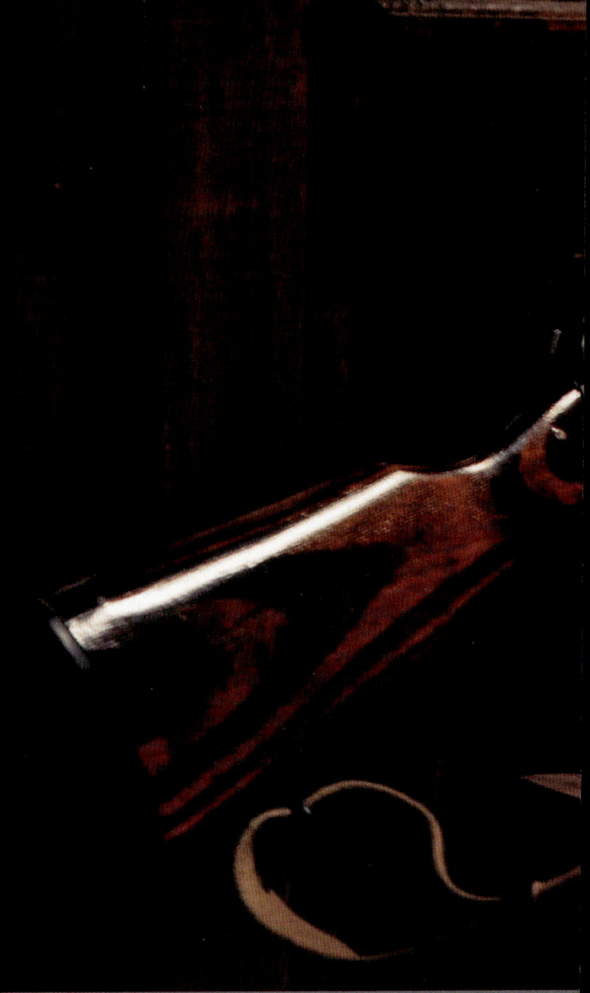

简要介绍

AK-47 自动步枪，或称 AK-47 突击步枪，亦称 1947 年式卡拉什尼科夫步枪，是由苏联枪械设计师卡拉什尼科夫设计。AK-47 其主要衍生型包括 AKM、RPK、AKMSU、AK-74、RPK-74、AKS74、AK-100 等几个大类。AK-47 是装备范围相当广泛的步枪，除苏军外，世界上有 30 多个国家的军队装备，有的还进行了仿制或专利许可生产。苏军所装备的 AK-47 于 20 世纪 50 年代末由其改进型 AKM 所取代。AK-47 的设计思路也影响了以色列、芬兰、中国等多个国家的步枪设计路线。

研制历程

1944 年，卡拉什尼科夫参考 M1 加兰德步枪设计了一种发射 M43 弹的半自动卡宾枪，称之为 1944 年式半自动卡宾枪试验型。1946 年，卡拉什尼科夫开始设计突击步枪，他在半自动卡宾枪的基础上设计出了一种全自动步枪，并送去参加了国家靶场选型试验，样枪称为 AK-46。

1947 年，卡拉什尼科夫完成了 1947 年版自动步枪的设计，很快这款武器被缩写为 AK-47，并被苏联武装力量批准入役。1949 年，AK-47 被定为苏军制式装备。按不同方法统计，AK 系列枪支产量有 3000 万到 1 亿不等，是世界上历来累积产量最多的枪械。

基本参数	
枪长	870 毫米
枪重	4.3 千克
口径	7.62 毫米
容弹量	30 发
有效射程	200 米
初速	610 米 / 秒
射速	600 发 / 分

性能特点

AK-47 自动步枪动作可靠，勤务性好；坚实耐用，故障率低，无论是在高温还是低温条件下，射击性能都很好，尤其在风沙泥水中使用，性能可靠；结构简单，分解容易。但是连发射击时枪口上跳严重，影响精度，而且重量比较大。

知识链接 >>

米哈伊尔·季莫费耶维奇·卡拉什尼科夫（1919—2013）是苏俄著名的枪械设计师，以设计“AK-47突击步枪”而闻名。卡拉什尼科夫的代表作是AK系列步枪、轻机枪RPK、通用机枪PK、霰弹枪SAIGA系列等。

▲米哈伊尔·季莫费耶维奇·卡拉什尼科夫

SVD 狙击步枪（苏联 / 俄罗斯）

简要介绍

SVD 狙击步枪，亦称德拉贡诺夫狙击步枪，是苏联生产的世界上第一支为其用途而专门制造的精确射手步枪。在苏联军队中，每个班配备一支 SVD。SVD 的可靠性是公认的，这使 SVD 被长期而广泛使用。除苏联 / 俄罗斯外，埃及、南斯拉夫、罗马尼亚等国家的军队也采用和生产 SVD。中国仿制的 SVD 为 1979 年定型的 79 式改进型 85 式狙击步枪。

研制历程

1958 年苏联提出设计一种半自动狙击步枪的构想，要求提高射击精度，又必须保证武器在恶劣的环境条件下能够可靠地工作，而且必须简单、轻巧、紧凑。苏联军队在 1963 年选中了由叶夫根尼·费奥多罗维奇·德拉贡诺夫设计的半自动狙击步枪，用以代替莫辛－纳甘狙击步枪。SVD 的发射机构实际上可以看作是 AK-47 突击步枪的放大版本，但更简单。SVD 通过进一步改进后，在 1967 年开始装备于部队。

基本参数	
枪长	1220 毫米
枪重	4.3 千克
口径	7.62 毫米
容弹量	10 发
有效射程	600 米
初速	830 米 / 秒

性能特点

SVD 狙击步枪在 1000 米以上的距离也足以致命，但此枪并不是出于对超高精度的要求而制造的。使用标准弹药时，此枪的有效射程约为 600 米，在此距离上精度为 2 角分。射程和准确度可通过使用特殊弹药而得到改善。此枪的精确度问题主要是由半自动动作导致的枪管震动造成的，使其远距离的精度降低。

知识链接 >>

叶夫根尼·德拉贡诺夫（1920—1991），苏联枪械设计师，SVD 狙击步枪的设计者。1939 年参加红军，退役后回到家乡的军工厂，担任首席设计师，研制了多种武器。德拉贡诺夫极受下属尊敬，他经常与他的研究小组里面的年轻人一起探讨问题，这些人当中有许多都成了高级专家，但他们在谈及自己时都表示是德拉贡诺夫的弟子。

▲ SVD 狙击步枪

AN-94 突击步枪（俄罗斯）

简要介绍

AN-94 是俄罗斯现役现代化小口径突击步枪。由坚纳基·尼科诺夫（Gennady Nikonov）设计。AN 是“Automat Nikonova”，即“尼科诺夫突击步枪”之意。它采用导气式与枪管短后坐式混合自动机原理，全枪由射击组件、机匣、发射机构、弹匣和机匣盖组成。可以配装俄军制式刺刀、榴弹发射器和各种光学瞄具。1999 年 8 月车臣战争中，首次使用 AN-94 的俄海军陆战队士兵都说它“棒极了”。

研制历程

AK-74 小口径步枪问世以后，根据历次战斗经验，士兵们反映该枪的精度不能令人满意。于是，国防部又计划重新研制一种全新的自动步枪。在同中央精密机械研究所合作下，相继提出了多种不同结构式样的未来步枪方案。其中一个被称为“阿巴甘”的方案，有 12 个设计小组参与研究制定，1994 年，伊孜玛什兵工厂的坚纳基·尼科诺夫工程师领导的设计小组获得胜利。1996 年，俄罗斯宣布，俄陆军和海军陆战队开始装备 AN-94 步枪。

基本参数	
枪长	943 毫米
枪管长	405 毫米
枪重	3.85 千克
口径	5.45 毫米
容弹量	30 发
有效射程	700 米
初速	900 米 / 秒

性能特点

AN-94 突击步枪采用了两种独特的技术，一是采用自动混合坐冲量（BBSP）的原理，大幅度减轻后坐力对点射散布的不利影响；二是采用了双射频技术，即开始以 1800 发 / 分的高射速，实施 2 发点射，然后从第三发开始，将理论射速自动降低到一般步枪的射速，即 600 发 / 分。与 AK-74 相比，AN-94 突击步枪的战斗有效性提高了 1.5 ~ 2 倍，以立姿实施高发速点射时，精度提高 13 倍。

知识链接 >>

突击步枪是根据现代战争的要求，将步枪和冲锋枪所固有的最佳战术技术性能成功地结合起来。现多指各种类型的能全自动/半自动/点射方式射击，发射中间型威力枪弹或小口径步枪弹，有效射程 300 米 ~ 400 米的自动步枪。其特点是射速较高、射击稳定、后坐力适中、枪身短小轻便。是具有冲锋枪的猛烈火力和接近普通步枪射击威力的自动步枪。

▲ AN-94 突击步枪

VSK-94 狙击步枪（俄罗斯）

简要介绍

VSK-94 狙击步枪是一种很受俄罗斯陆军侦察部队和反恐小分队欢迎的狙击步枪。它带上满弹匣子弹才重 3.93 千克，比起其他狙击步枪，它的体积明显要小，因而携带使用都很方便。VSK-94 狙击步枪结构比较简单，工艺性也好，俄罗斯人称其为“游击队和特种分队得心应手的武器”。

研制历程

VSK-94 是由 KBP 工具设计厂于 1994 年定型生产的轻型狙击步枪，是 9A-91 的狙击步枪版本。可以用低成本来取代 VSS Vintorez。VSK-94 的目的是要准确地进行定点达 400 米距离内的所有目标。VSK-94 和 9A-91 一样是气动式操作、转拴式枪机的枪械。气动式操作类型是长行程活塞传动，而转拴式枪机有 4 个锁耳。VSK-94 的机匣采用低成本的金属冲压方式生产，以减少生产成本、所需的金属原料和生产所需的时间，且更容易进行维护及维修；而护木、手枪握把及装有后握把的枪托则改为较轻的聚合物制造。

基本参数	
枪长	933 毫米
枪重	2.8 千克
口径	9 毫米
容弹量	20 发
有效射程	400 米
初速	270 米 / 秒

性能特点

VSK-94 发射 9 毫米 ×39 毫米 SP-5、SP-6、PAB-9 三种亚音速弹，初速不超过 270 米 / 秒，能够保证有效使用消音器，实现无声射击。在 45 米 ~ 50 米内，射击声音基本感觉不到。它也可在不消声的状态下射击，这使它具有战斗的灵活性。取下消音器后，VSK-94 型狙击步枪可以用作轻型冲锋枪。

知识链接 >>

狙击步枪是指在普通步枪中挑选或专门设计制造，射击精度高、距离远、可靠性好的专用步枪。军事上主要用于射击对方的重要目标（如指挥人员、车辆驾驶员、机枪手等）。狙击步枪的结构与普通步枪基本一致，区别在于狙击步枪多装有精确瞄准用的瞄准镜；枪管经过特别加工，精度非常高；射击时多以半自动方式或手动单发射击。

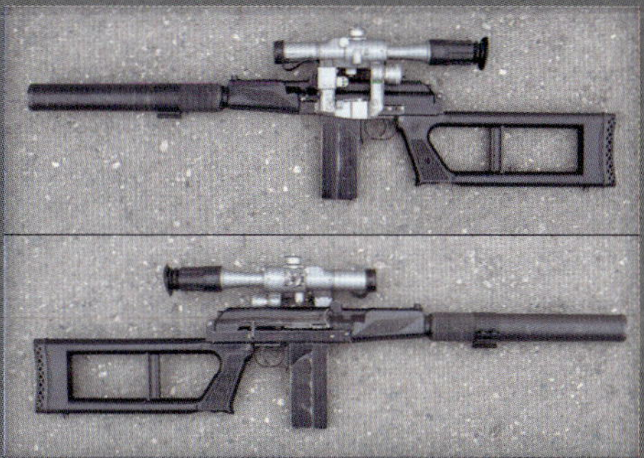

▲ VSK-94 狙击步枪

SV-98 狙击步枪（俄罗斯）

简要介绍

SV-98 是俄罗斯的一种战术定位专一而明确的狙击步枪，专供特种部队、反恐部队及执法机构在反恐行动、小规模冲突以及抓捕要犯、解救人质等行动中使用。以隐蔽、突然的高精度射击火力狙杀白天或晨昏低照度条件下1000 米以内，夜间 500 米以内的敌重要有生目标。由于强调精度，所以该枪是以运动步枪为基础发展而来的，其结构设计处处着眼于狙击战术对高精度的要求，因此采用非自动发射方式，消除枪机或枪管的运动对射击精度产生的不利影响。

研制历程

苏联/俄罗斯军队装备SVD狙击步枪多年，虽然该枪重量轻、坚固耐用，作为战术支援武器来说颇为有效，但 SVD 在中远距离上的精度差，不适合远距离的精确射击，也不适宜面对人质劫持之类的任务。由于有开发新型远程精确狙击步枪的需求，伊茨玛希工厂的枪械设计师弗拉基米尔·斯朗斯尔在 1998 年设计了一种手动狙击步枪 SV-98。虽然 SV-98 在当年就已经被俄罗斯的执法机构和特种部队少量试用，但由于俄罗斯军方制式武器的国家靶场试验和部队试用的周期比较长，所以直到 2005 年年底才正式被俄罗斯军队采用。

基本参数	
枪长	1200 毫米
枪管长	650 毫米
枪重	5.8 千克
口径	7.62 毫米
有效射程	1000 米
初速	820 米/秒

性能特点

SV-98 狙击步枪较大的全枪质量有利于减小跳动、提高射击稳定性；长度和高度可调的枪托抵肩板和高度可调的贴腮板，尊重射手的个体需求差异，使射击更舒适；多档可调的脚架和枪托架，便于适应不同地形需要，保证稳定架枪；可拆卸的膛口消声器，既能减小膛口暴露源，又能有效减小后坐力；防反光带和膛口消声器上的遮板，在狙击使用中降低了被敌人发现的几率。

知识链接 >>

一战中英军首先使用狙击手这一兵种。狙击手们受过专门训练，是一群可以完全掌握精准射击、伪装和观察技能的射手，通常可首发命中目标，具有极好的耐力，在射速方面也有很高的要求。他们在战场上有时具有战略意义，可以扭转战场局势。

▲ SV-98 狙击步枪

MAUSER MODEL 1871

毛瑟 1871 式步枪（德国）

简要介绍

1871 式步枪是德国毛瑟两兄弟威廉·毛瑟与保罗·毛瑟设计的一种旋转式闭锁枪机的后装单发步枪，首创凸轮自动待击击针式击发机构。该枪于 1871 年被采用成为标准的制式步枪，并命名为 1871 式步枪，这是历史上第一种毛瑟步枪。此后设计生产的大多数旋转后拉式枪机都是根据毛瑟兄弟所设计的原理来设计的。毛瑟步枪及其变型枪几乎成为世界范围内的标准陆军装备。

研制历程

早在 1865 年毛瑟兄弟就设计了发射金属弹壳枪弹的后膛单装步枪，1868 年取得美国专利，普鲁士军队于 1872 年采用，命名为 1871 式步枪。这是世界上最早成功采用金属弹壳枪弹的机柄式步枪，该枪发射黑火药枪弹。1880 年，毛瑟在枪管下方增设可装 8 发枪弹的管式弹仓，1884 年命名为 1871 / 84 式步枪，装备于普鲁士军队。后来对毛瑟步枪进行改进，增设弹仓供弹和改用发射无烟火药步枪弹。毛瑟步枪不断地改进和完善设计，改进了枪机以及由单排弹仓供弹改为双排弹仓供弹。

基本参数	
枪长	1292 毫米
枪管长	852 毫米
枪重	4.54 千克
口径	11 毫米
有效射程	1463 米

性能特点

毛瑟兄弟设计的毛瑟式枪机安全、简单、坚固和可靠。一个著名特征是它的拉壳钩，结实、厚重的爪式拉壳钩在枪弹一离开弹仓时就立即抓住弹壳底缘，并牢固地控制住枪弹直到抛壳为止。这项技术被称为“受约束供弹”，是保罗·毛瑟在 1892 年时的重要发明，由于拉壳钩并不随枪机一起旋转，因而避免了出现上双弹的故障。

▲ 毛瑟 1871 式步枪

知识链接 >>

1871 式步枪的保险杆位于枪机后上方，保险杆有三个操作位置：当保险杆拨到右边时，同时会锁住击发阻铁和枪机体，此时步枪既不能射击，也不能打开枪机；当保险杆拨到中央位置(向上抬起)时，只是锁住阻铁，步枪不能击发，同时挡住瞄准线，但枪机可以打开，能进行装填或清空弹仓的操作；当保险杆拨到左边位置时，只要扣动板机步枪就能发射。扳机为两道火式的设计，既安全又可靠。

毛瑟 Kar98k 卡宾枪（德国）

简要介绍

毛瑟 Kar98k 卡宾枪，亦称毛瑟 98 步枪，是由 Gew98 毛瑟步枪改进而来，Kar98k 卡宾枪是二战时期德国军队装备的制式步枪。从 1935 年开始服役，直到二战结束前都是德军的制式步枪。Kar98k 成为二战期间产量最多的轻武器之一，被认为是二战中最好的旋转后拉式枪机步枪之一。Kar98k 在战后被一些国家翻修和继续使用，作为一种经典的武器，它仍然受到枪械爱好者的欢迎，并用于收藏、射击运动或狩猎。

研制历程

一战结束后，凡尔赛条约严格限制了德国军用武器的研制和生产，但是德国仍利用西班牙内战及与瑞士等国家兵工厂合作的机会，继续研发，对 Gew 98 步枪进行了多次改进，其中有著名的 Kar98b。

20 世纪 30 年代，德国重整军备，1935 年在 Kar98b 的基础上结合标准型毛瑟步枪经过改进的步枪被命名为 Kar98k，K 为 “Kurz” 的缩写，意为 “短” ，表示比 98b 式卡宾枪缩短了，被德国国防军选作为制式步枪，并正式投产。大量原有的 Kar98b 和 Gew98 步枪被送到工厂改装成 Kar98k，制造数量高达 1450 万支。

基本参数	
枪长	1100 毫米
枪管长	600 毫米
枪重	3.9 千克
口径	7.92 毫米
容弹量	5 发
有效射程	800 米
射速	760 发 / 分

性能特点

Kar98k 卡宾枪继承了 98 系列毛瑟步枪经典的毛瑟式旋转后拉枪机，枪机尾部是保险装置。子弹呈双排交错排列的内置式弹仓，使用 5 发弹夹装填子弹，子弹通过机匣上方压入弹仓，也可以单发装填。采用了下弯式的拉机柄，便于携行和安装瞄准镜，采用弧形表尺，“V” 形缺口式照门，倒 “V” 形准星，准星带有圆形护罩。供弹系统与枪机是它最有特点的两个设计。而枪机部分的设计，更是已经成为世界手动步枪的经典设计而名留青史。

知识链接 >>

1999 年，毛瑟民用部分从军用部分分离，并被德国投资商 Michael Lüke 和 Thomas Ortmeier 所购买。毛瑟狩猎武器有限公司及其公司基地在德国南部城市伊士尼建立。步枪的生产方向也专门瞄向狩猎 / 体育方面。2003 年，毛瑟狩猎武器有限公司推出毛瑟 M03 步枪系列。

▲ 一个德国士兵正在使用毛瑟 Kar98k 卡宾枪

STG44 突击步枪（德国）

简要介绍

STG44 突击步枪，亦称 MP44 突击步枪，是现代步兵史上划时代的成就之一。它是首批使用了短药筒的中间型威力枪弹并大规模装备的突击步枪，也是世界上第一款真正意义上的突击步枪，享有突击步枪之父的美誉。

研制历程

二战中各国冲锋枪的有效射程均不超过 150 米，而步枪的有效射程是 500 米，中间有一个 150 米到 400 米的火力的空当。在 20 世纪 30 年代末期，各国就展开了对于突击武器的研究。他们希望能够生产出一种把步枪和冲锋枪的特点合一的武器。

1938 年，德国黑内尔公司受军方的要求，交由轻武器设计师雨果·施迈瑟开始着手研制自动步枪的工作，最终于 1942 年 7 月制造出了使用 7.92 毫米 ×33 毫米步枪短弹的 50 支样枪。1943 年投入大批量生产时命名为 MP43。库尔斯克会战以后，1944 年该枪完成改进定名 MP44。MP44 的出色性能受到前线部队广泛好评，希特勒下令优先该枪的生产并亲自为其命名，正式改称 Sturmgewehr 44，简称 STG44。从 1944 年到 1945 年德国战败，在德国饱受轰炸和原料缺乏的情况下，STG44 一共生产了 40 多万支。

基本参数	
枪长	940 毫米
枪管长	419 毫米
枪重	5.22 千克
口径	7.92 毫米
容弹量	30 发
射程	500 米
初速	685 米 / 秒
射速	550 发 / 分

性能特点

STG44 突击步枪由于使用中间型威力枪弹，子弹初速和射程均不如步枪和轻机枪。但是 STG44 在 400 米射程上，连发射击时比较容易控制，射击精度比较好，可以连续射击而且火力非常猛烈。30 发弹匣重量适中，单兵可以大量携带。同时 30 发子弹能够很好地保证火力的持续性。

▲ 德军士兵使用装有 ZF-4 瞄准镜的 STG44（当时被称为 MP43），摄于 1943 年

知识链接 >>

STG44 突击步枪曾使用在二战、越南战争、伊拉克战争中。苏联曾把部分缴获的 STG44 及其他二战的过期军火输送到多个东方阵营及第三世界国家以作为军事援助。STG44 仍然有限地在联邦德国和民主德国军队中服役了一段很短的时间，其后在两者有了自己的国防基础后，STG44 便被完全淘汰了。另外，其他华沙条约国家也曾装备过援自苏联的 STG44。

PSG-1 狙击步枪（德国）

简要介绍

PSG-1 是德国最著名的枪械公司 H&K 公司推出的一款十分优秀的狙击步枪。PSG 在德语中是精确射击步枪的缩写，而 PSG-1 也的确是世界上最精确的半自动步枪之一。在 300 米的距离上可以保证把 50 发子弹全部打进一个棒球大的圆心。这是由于它控制得极其严格的制造公差，所有的零件几乎是完美结合。因其性能可靠，被美国海军陆战队、法国外籍军团、GSG9 边防大队等世界级特种部队广泛使用。

研制历程

H&K公司不仅想占领军用狙击武器市场，还想占领警用狙击武器市场。但 G3 / SG1 不是最佳选择，因为它始终是按军用自动步枪要求设计的。而狙击手则需要一种高命中精度的专门武器，在较远距离上对付单个或数个目标。为此，H&K 公司于 1981 年在 G3 步枪的基础上开发出专门的狙击步枪 PSG-1。

基本参数	
枪长	1230 毫米
枪管长	650 毫米
枪重	7.2 千克
口径	7.62 毫米
容弹量	5 / 20 发
有效射程	800 米

性能特点

PSG-1 采用了特殊弹药和内置消音器，发射时几乎听不到枪声，同时也有很高的命中率，但射程和穿透力却比普通狙击步枪要差一些。所有的 PSG-1 步枪都没有机械瞄具，采用光学瞄准镜、浮动重型枪管和可调节枪托。PSG-1 抛壳弹出的力量相当大，据说可以弹出 10 米之远。这很容易暴露狙击手的位置，在清扫使用地点的时候弹壳也很难被找到。

知识链接 >>

1848 年纽约州的摩根·詹姆斯设计了一种与枪管同样长度的管形瞄准装置，该装置的后半部安装了玻璃透镜，并有 2 条用于瞄准的十字线。后来，类似的瞄准装置在美国内战中得到应用。但真正具有实用价值的瞄准镜，则诞生在 1904 年，由德国的卡尔·蔡司研制，并在一战中使用。

▲ PSG-1 狙击步枪

G22 狙击步枪（德国）

简要介绍

在世界枪坛中，德国枪别具特色。德国人严谨细致的作风造就出无数令军人，尤其是特种兵啧啧称奇的精密枪械，G22 狙击步枪就是其中风头正劲的一种。该枪采用 7.62 毫米温彻斯特·马格努姆枪弹，在 1000 米内的首发命中率达到 90%，能在百米内穿透 20 毫米的装甲钢板，在阿富汗战场上发挥了不可忽视的作用。

研制历程

20 世纪 90 年代，德国国防部在狙击步枪的招标时就射程、侵彻力、精确度三方面提出了明确而严格的要求：1000 米距离上的首发命中概率在 90% 以上；实战中可与 12.7 毫米口径的大威力枪支抗衡。

为了满足上述要求，英国国际精密仪器公司在设计上摒弃了现代普遍流行的自动装弹而代之以近乎古老的手动装弹方式，这一设计以牺牲射速为代价换取了在保持 7.62 毫米口径的前提下发射大威力枪弹的能力，且对降低故障率和减轻自重十分有利。新枪以 AWM 系列狙击步枪为原型改进而来。

1997 年，德国军方引进了英国国际精密仪器公司生产的 7.62 毫米 AWM-F，作为狙击手的标准狙击武器，并命名为 G22 狙击步枪。

基本参数	
枪长	1245 毫米
枪管长	690 毫米
枪重	6.6 千克
口径	7.62 毫米
容弹量	5 发
有效射程	1100 米

性能特点

G22 的枪机前端有 6 个闭锁凸笋，分上下两圈排列，每圈 3 个。这 6 个闭锁凸笋有助于减轻枪身在发射前的振动。虽然 G22 弹匣容量不太大，但狙击手实际上不必连续发射 2 发以上的枪弹。即使是第 2 次射击，也是在他第一次射击没有命中目标或没有把对方撂倒时才进行。G22 的夜视仪采用德国亨索尔特公司生产的 NSV80II 型，该型夜视仪采用了第二代像增强管，即使在伸手不见五指的黑夜里也能清楚地发现目标。

▲ G22 狙击步枪

知识链接 >>

德国的军事理论家在深入研究了二战后历次局部战争后认为，一名训练有素的狙击手在战场上可以遂行如下任务：通过直接狙杀指挥官、机枪手等有生目标干扰敌军的战术计划，并造成敌军心理上的恐慌；通过对通讯线路、战场传感器、车载雷达等信息设施的精确射击，瘫痪敌方的指挥系统。

TPG-1 狙击步枪（德国/奥地利）

简要介绍

TPG-1 狙击步枪造型时尚新颖，模块化结构的现代感强烈，而且突出显示了现代军警枪械最需要的品质：简单、可靠和价格低廉。它的机匣和枪托都用优良的轻质铝合金材料制成，但在关键的局部嵌入了钢件，由此降低枪重，节约成本，也利于保持枪体的稳定性。厚重的枪机动作平稳可靠。TPG-1 的外观设计特别，设计符合人体工学。粗犷豪放带有结实耐用的印象，更充分地带有一种野性美。作为狙击手不错的选择，TPG-1 有着强大的杀伤力，在众多狙击步枪中具有的优势相当明显。

研制历程

TPG-1 原为法国尤尼克公司设计、开发。后来由于尤尼克公司倒闭，项目被转移至德国并且在德国组装生产；而零部件则由德国和奥地利共同制造。TPG-1 在 2006 年举行的第 33 届国际狩猎与运动武器展览会（IWA2006）上首度推出，它在展览会上扮演了“黑马”的角色，现场交易额夺参展步枪头筹。

基本参数	
枪长	1230 毫米
枪管长	650 毫米
枪重	6.2 千克
容弹量	5 发

性能特点

TPG-1 除了极高的精度，该枪的最大特点就是模块化。整个枪机、上机匣组件安装在一个铝制的下机匣上；下机匣连接可拆的护木和枪托；可调式枪托由聚合物制成，护木下安有两脚架；上机匣上面则有皮卡汀尼导轨，可以安装各种光学瞄准镜。枪口上装了 6 室式枪口制退器，可减少后坐力、枪口上扬和枪口焰。

知识链接 >>

TPG-1 具有三个可调节处。第一个是枪托脊部上带有托腮板，不需要使用工具就可以调节高度。托腮板还可以调节其倾斜度。第二个是枪托尾部的橡胶制缓冲垫状枪托底板，缓冲垫呈内弧形设计，非常适合使用者抵住肩膀。它可以进行上下调节，这样使用者可以调整其抵肩高度。第三个是枪托底板下方的伸缩式后脚架，可作为狙击步枪的驻锄，用于辅助架枪；长度可调以适应地形需要，并且可以对架枪高度进行微调。

▲ TPG-1 狙击步枪

HK416 自动步枪（德国）

简要介绍

HK416 是由黑克勒－科赫公司（H&K）生产的自动步枪。HK416 自推出后，一直在艰难推销，虽然偶然有一些小订单，但多数是一些执法或保安机构的订单。然而到了 2007 年，终于传来捷报，三角洲突击队拟采购一批 HK416 的上机匣，显然会用来改装现有的 M4A1。让 HK416 名声大噪的是，2011 年 5 月 1 日的“杰罗尼莫”行动中，美国的眼中钉肉中刺，“恐怖大亨”本·拉登就是被 HK416 击中头和胸死亡的。

研制历程

HK416 是由黑克勒－科赫以 HK G36 突击步枪的气动系统在柯尔特 M4 卡宾枪的设计上重新改造而成，现已成为完整的突击步枪推出，亦可以换装气动系统、上机匣组件、枪管和弹匣来改造 AR-15 系列的组合。HK416 本叫 HKM4，其研制计划是在 2002 年就开始的。可能是由于柯尔特在 2004 年打算起诉 H&K 公司侵犯了他们的权利，H&K 公司放弃了 HKM4 这个名称，改称为 HK416，“4”大概是指 M4，“16”大概是指 M16。HK416 在 2005 年 2 月开始正式推出市面，同时采用了新的结构的皮卡汀尼导轨护木，使 HK416 与原来的 M16 / M4 卡宾枪在外形上有更明显的区别。

基本参数

枪长	886 毫米
枪重	3.5 千克
容弹量	30 发
口径	5.56 毫米
射速	900 发 / 分
有效射程	450 米

性能特点

在可靠性试验中，HK416 在多种极端环境下，不同类型的枪管、不同类型的弹药、安装或不安装消声器所表现出来的可靠性都比 M16 系列高，甚至可以在水下射击。尤其是射击时，HK416 几乎没有热量和火药燃气（污物）传至枪机，这点 AR 枪系（M16、M4 等）是不能比拟的。

知识链接 >>

HK416 是卡宾枪 M4 的衍生型，外观相异处有：①保险选择钮的“保险”“半自动”“全自动”使用国际通用图示；②重新设计伸缩枪托，枪托底板可以转动；③重新设计握把，提升握感；④一体成型的战术鱼骨护木，采用浮动式设计。内部主要差异则是采用 HK G36 的短冲程活塞传动式系统，为了承受新传动系统带来的压力，枪管壁也较厚。

▲ HK416 自动步枪

HK416C 超紧凑型卡宾枪（德国）

简要介绍

HK416C 是一支由德国黑克勒－科赫公司应英国特种部队（SAS）要求研制及生产的紧凑 / 突击型军用突击步枪（卡宾枪），是 HK416 的紧凑 / 突击型版本，与 HK416 枪族仍保留着高度的组成零部件的通用性。具有威力大、重量轻、射速快的优点。

研制历程

HK416C 超紧凑型卡宾枪衍生型最初由黑克勒－科赫应英国特种部队请求而于 2009 年开发成功。HK416C 有一根 226 毫米的枪管，预计能够产生大约 730 米 / 秒的枪口初速。根据黑克勒－科赫原厂测试，这枪支的精度大约是 4 MOA（在 100 米的散布范围为 12 厘米）。虽然 HK416C 与 HK416 枪族仍保留着很高度的组成零部件的通用性，但 HK416C 具有一个专用的特别设计的缩短型管状缓冲器连内部复进簧导管和一个前后滑动型可伸缩式枪托，这种枪托与 HK MP5 冲锋枪的 A3、A5、SD3、SD6、SFA3 衍生型以及英国军队的贴身保护小队通常使用的 HK53 段卡宾枪所使用的伸缩式枪托都有点相似。

基本参数	
枪长	686 毫米
枪管长	226 毫米
枪重	2.95 千克
口径	5.56 毫米
容弹量	30 发
有效射程	300 米
初速	730 米 / 秒
射速	740 发 / 分

性能特点

与 HK416 一样，HK416C 使用冷锻碳钢自由浮动式枪管以增长枪管寿命，采用高可靠性的 30 发钢制 STANAG 弹夹（可与旧式铝制弹匣或塑料通用），以及在机夹及自由浮动式前护木设有合共 5 条 MIL-STD-1913 战术导轨（其中 4 条在前护木上）以便安装对应导轨的战术灯、激光瞄准器（LAM）、前握把、两脚架、40 毫米榴弹发射器、ACOG 光学瞄准镜、反射式瞄准镜、红点瞄准镜、全息瞄准器、夜视镜或热成像仪这些战术配件附件。

▲ HK416C 超紧凑型卡宾枪

知识链接 >>

黑克勒－科赫公司（H&K）是德国著名枪械公司，成立于1950年，生产过MP5、G3手枪等著名枪械，是世界上最有影响力的军火公司之一。1991年3月6日，H&K公司成为英国皇家军械公司（RO）的一个成员。尽管主人换了，但H&K公司仍是世界上最好的轻武器企业之一，被购入RO后，H&K公司仍先后推出USP、G36等一系列性能优良、品质可靠的新产品。

MARTINI-HENRY

马蒂尼－亨利步枪（英国）

简要介绍

马蒂尼－亨利步枪是一种很实用的武器，它为英国向全世界扩张其帝国领土，发挥了非凡的作用。从冰雪覆盖的加拿大到位于撒哈拉沙漠边缘的苏丹，再到群山之中的阿富汗，到处都留下了它的足迹。历史上许多勇猛的尚武民族都被手持射程远、射速高的马蒂尼－亨利步枪的英国士兵征服了。

研制历程

1862 年，枪炮商亨利·皮博迪获得了后膛装填步枪的专利权。不久，这种步枪受到了西班牙、加拿大等国的青睐，并购买了数万支。1866 年，奥地利籍设计师弗冯·马蒂尼修改了亨利·皮博迪的设计。改进后的步枪在射速上也有很大提高。由于瑞士军方没有看中这种枪，马蒂尼只得把他的设计提供给了其他国家。1867 年，英国陆军相中了马蒂尼设计的步枪。1871 年 7 月 3 日，马蒂尼步枪被英军正式采用。由于该枪采用了亨利设计的带有膛线的枪管，因此英国陆军官方将其命名为马蒂尼－亨利步枪。

基本参数	
枪长	1245 毫米
枪重	3.83 千克
口径	10.2 毫米
初速	400 米 / 秒
射程	370 米

性能特点

马蒂尼－亨利步枪最初使用的枪弹口径为 11.43 毫米，采用博克赛式底火，卷制黄铜弹壳。后来，该枪弹改为采用几层带纸垫的卷制薄铜皮弹壳身并配以铁制弹壳底部的弹壳。1885 年，为了对付群体犯罪，英国陆军发明了装填鹿弹的枪弹配备马蒂尼－亨利步枪使用。马蒂尼－亨利步枪使用的刺刀种类很多，其中使用最多的有两种，一种是带环形座的刺刀，另一种是剑形刺刀。

知识链接 >>

马蒂尼－亨利步枪共有四个基本型号。除此以外，马蒂尼－亨利还有不少卡宾枪型号，供轻骑兵和炮兵使用。卡宾枪使用的子弹是减装药弹，后坐力小，更易于控制。

▲ 马蒂尼－亨利步枪

LEE-ENFIELD SMLE

李 - 恩菲尔德短步枪（英国）

简要介绍

李 - 恩菲尔德短步枪第一次创造了“短步枪”的概念，全枪长度由李氏步枪全长 1257 毫米缩短为 1130 毫米。该枪在一战和二战以及朝鲜战争中是所有英联邦国家的制式装备。该枪有大量衍生型，也是英联邦国家的制式装备，包括加拿大、新西兰、澳大利亚及印度。

研制历程

李 - 恩菲尔德短步枪是由恩菲尔德皇家兵工厂在李氏步枪的基础上改进而来，正式命名为“李 - 恩菲尔德弹匣式短步枪”，1903 年开始量产。它有多种基本型号，还有基于基本型号持续改进的众多改进型号，为此采用了烦琐而复杂的命名方法。

李 - 恩菲尔德短步枪最经典的是 No.1 型和 No.3 型。No.1 型在一战中英国军队广泛使用。1907 年定型的 MK.III 是主要的改进型号。一直到二战期间仍大量生产、使用，是二战前期英军装备的主要步枪。No.3 型仿自毛瑟式枪机，也称为 P-14 步枪。1917 年，美国参加一战，军队装备步枪数量不足，于是将 P-14 步枪口径改为 7.62 毫米（M1917）。

基本参数（SMLE No.1 MK.Ⅲ）	
枪长	1138 毫米
枪管长	640 毫米
枪重	3.96 千克
口径	7.7 毫米
容弹量	10 发
有效射程	914 米
初速	738 米 / 秒

性能特点

李 - 恩菲尔德短步枪的特点是采用由詹姆斯 · 帕里斯 · 李发明的旋转后拉式枪机和盒形可卸式弹匣（此后，英军的多种恩菲尔德手动步枪都是这个系统的改进），后端闭锁的旋转后拉式枪机，装填子弹速度比较快；安装固定式盒形双排容量 10 发弹匣装弹，提高了持续火力，是实战中射速最快的旋转后拉式枪机步枪之一，而且具有可靠、枪机行程短、操作方便的优点。

知识链接 >>

二战时期，大多数新西兰地面部队部署在北非。当日本在 1941 年加入战争时，新西兰发现本土的军队欠缺轻机枪来防卫日军入侵，新西兰政府立刻提供资金来改装李－恩菲尔德短步枪成为 1500 把半自动步枪，并在 1942 年装备国土防卫军。

▲ 李 - 恩菲尔德短步枪

AW 狙击步枪（英国）

简要介绍

AW 狙击步枪有步兵型、警用型和"隐形 AW"三种，而 AW 是英国国际精密仪器公司生产的步枪系列的专用名称。该枪在多个国家中都有列装，如英国、澳大利亚、德国、荷兰、俄罗斯、新加坡和瑞典，每个国家列装的 AW 步枪都稍有不同。

研制历程

20 世纪 80 年代，英国陆军的狙击手们装备的是服役了 25 年的李–恩菲尔德 L42A1 型狙击步枪。1982 年的马岛战争中，训练有素的英国狙击手们因为武器不如人，只能依靠炮兵的支援才勉强击败阿军狙击手，留下了惨痛的教训。为了取代 L42A1，英国于 1982 年为新的狙击手武器系统招标。最终，英国国际精密仪器公司的 PM 步枪淘汰了帕克–黑尔公司（Parker–Hale）的 M85 狙击步枪，被英国军方正式列装，代号 L96A1 狙击步枪。1983 年，瑞典也开始选择新型狙击步枪，他们选了英国国际精密仪器公司的 PM 步枪升级版，即 Arctic Warfare（简称 AW），瑞典国防军命名为 PSG 90。

基本参数	
枪长	1124 毫米
枪重	6.5 千克
口径	7.62 毫米
容弹量	10 发
有效射程	800 米
初速	850 米 / 秒

性能特点

AW 狙击步枪可以在严寒的天气中作战，即便枪中进水并结冰的情况下，经过短暂处理仍然可以使用。英国陆军装备的该型狙击步枪没有安装枪口制退器，所以枪的后坐力不小。生产商为其提供一种简单的消声器，这种消声器并不能让狙击步枪在完全静音的情况下发射子弹，但能有效地减小枪口的噪声。

▲ AW 狙击步枪

知识链接 >>

库帕是一名优秀的射击运动员，曾经夺取过 2 次奥运会冠军、8 次世锦赛冠军，他对设计步枪也有自己的想法，于是他在 1978 年 5 月成立了自己的公司——英国国际精密仪器公司，招聘了 40 名雇员，专门生产符合国际射击比赛要求的步枪，1982 年，在英国陆军的狙击步枪招标中，库帕的公司一举中标，开始了 AW 狙击步枪的生产工作。

L85A1 无托突击步枪（英国）

简要介绍

L85A1 突击步枪，是英国 SA80（即“80 年代轻武器”）枪族中的一支，英国人俗称为恩菲尔德武器系统，主要由两种发射 5.56 毫米 SS109 弹的自动武器组成，除 L85A1 突击步枪外，另一种是 L86A1 轻机枪。L85A1 已作为制式武器装备英国陆军步兵部队、皇家海军和空军。为了做出区别，配发给陆军步兵部队使用的枪是没有提把的，而配发给其他部队使用的枪则配有提把。

研制历程

1976 年 6 月，恩菲尔德兵工厂向外界公布其“单兵武器”及其姊妹枪“轻型支援武器”。

恩菲尔德研制的这种枪是依据精心研究的 4.85 毫米弹制造的。这两种枪与 EM2 相似，均为无托结构，但却不具备 EM2 枪的特点，其内部结构系仿造 AR18 步枪。该枪族参加了 1977 年开始举行的北大西洋公约组织下一代步枪选型试验。由于美国的压力，北约决定采用 5.56 毫米 M193 弹为北约标准步枪弹，于是，“在没有经验的士兵和民用枪专家参与下”，自行设计、手工制作的第一支 SA80 样枪在沃明斯特进行了试验。结果问题多多。经过不断改进，直到 1985 年 10 月才正式接收第一批 SA80 IW 步枪，并正式命名为 L85A1。

基本参数	
枪长	785 毫米
枪管长	518 毫米
枪重	3.82 千克
口径	5.56 毫米
容弹量	30 发
射程	1000 米

性能特点

L85A1 的自动方式为导气式，闭锁方式为枪机回转式。拉机柄位于枪的左侧，同机框相连，射击时随枪机框一起前后运动。机柄槽有防尘盖，当机框后坐时可以自动打开。L85A1 大量采用冲压焊接结合工艺，仅枪机、机框和枪管是由常规制作而成的。护木、贴腮板和托底板采用塑料高冲击韧性尼龙制成。结构简单，分解结合简便，不需任何专用工具。

知识链接 >>

无托结构步枪是代表突击步枪第二次重大变革的一种新式突击步枪。这种保留了第一代突击步枪内涵的新结构突击步枪，摒弃了传统的枪托，并将握把和扳机置于弹匣之前，使传统的突击步枪成为一支无托的肩射单兵自动武器。由于这种标新立异的步枪给单兵战术技术以至条令操典都带来了影响，所以至今有关各界仍对无托结构众说纷纭，莫衷一是。

▲L85A1 无托突击步枪

AW50 反器材狙击步枪（英国）

简要介绍

AW50 是英国生产的一支远程精确手动式枪机狙击步枪，是为了摧毁多种目标而设计的，包括雷达装置、轻型汽车（包括轻型装甲车）、野战工事、船只、弹药库和油库。其标准子弹可以在一发以内结合贯穿、高爆和燃烧等效果。AW50 是 AW（L96A1）的大型化版本。AW50 步枪连两脚架重为 15 千克，重量大约是一支典型的突击步枪的 4 倍。然而，正是因为加上枪口前端的制动器、枪托内部的液压缓冲系统和橡胶制造的枪托底板，使 AW50 的后坐力相对较低，并大大提高了其准确性。

研制历程

AW50 反器材狙击步枪是英国国际精密仪器公司的 AW 狙击步枪枪族中的一员，于 1998 年推出，以满足国际市场对大口径反器材狙击步枪的需求。此枪型基本上是在 AW 系列狙击步枪的基础上改进的。AW50 与其他 AW 枪族基本相同，只是为适合 12.7 毫米 ×99 毫米 BMG 弹而增加了高效的缓冲系统，枪托可折叠以缩短携行长度，枪托底部有可调整的后脚架。

基本参数	
枪长	1420 毫米
枪管长	686 毫米
枪重	15 千克
口径	12.7 毫米
容弹量	5 发
有效射程	2000 米

性能特点

AW50 与 AWM 基本一样，除了一个高效的枪口制退器，也可以选用一个简单的消声器，可有效地降低枪声、枪口焰、硝烟和地面扬尘效果，这只是增加了 15 英寸（约 381 毫米）的长度。配用的瞄准镜也是 Mk Ⅱ 分划，有固定的 10 倍或变倍的 3 ~ 12 倍和 4 ~ 16 倍，早期型有后备机械瞄具，量产型取消了机械瞄具。

知识链接 >>

AWM 也被称为“超级马格南”，或简称 SM 步枪。AWM 的不锈钢枪管外表面刻有纵向凹槽，此外这也能加大外表面，更有利于散热，在射弹较多时不会出现弹着点偏移。1997 年推出的 AWM 步枪是以 AW 为基础，用最小的变化来适应大容量弹壳的枪弹。由于马格南弹发射的冲量较大，因此在 AWM 的机头上有 6 个闭锁凸笋，分两圈前后排列，每圈 3 个。

▲ AW50 反器材狙击步枪

BERETTA RX4 STORM

伯莱塔 Rx4 “风暴” 卡宾枪（意大利）

简要介绍

Rx4 “风暴” 卡宾枪外形具有迷人的魅力，枪身采用流线型设计，边角全部处理为圆弧状，既美观又不会勾挂衣服等外物。它完全遵循北约标准协议（STANAG）的规定，但不能连发。按 STANAG 标准生产的枪，若是作军警用枪，一般都有连发功能。Rx4 “风暴” 卡宾枪特意放弃连发功能，是考虑到在城市环境下，连发射击容易伤及无辜和损坏周边物资。

研制历程

世界笼罩着恐怖阴云，且恐怖攻击以市民为目标，警察及其他保安人员同恐怖分子展开战斗的场面可能出现在闹市中。基于此，伯莱塔公司认为，执行市区警备任务的警察有必要采用与军队一样的装备，但武器应当充分采用柔性设计。Rx4 “风暴” 卡宾枪就是为了适应市区警备与执法的需要而研制的。

Rx4 “风暴” 卡宾枪于 2004 年年初开始设计，2005 年下半年完成设计。2006 年年初，伯莱塔美国有限公司已少量试生产，并首先在美国上市。该枪由伯莱塔公司与其属下的贝内利公司共同研制。

基本参数	
枪长	942 毫米
枪管长	406 毫米 / 317 毫米
口径	5.56 毫米
容弹量	10 / 20 / 30 发

性能特点

Rx4 的平衡性良好，质量很轻，射击时枪的后坐力不大，且射击精度较高。但该枪抛壳不是向前方，而是向后方。由于抛壳窗设在机匣上方右侧，射击后的空弹壳可能会击中右侧的人。

知识链接 >>

贝内利是意大利中部乌尔比诺的一家军械公司，并入伯莱塔之前已是生产运动猎枪与霰弹枪的知名厂家，颇有名气的M系列12号霰弹枪至今仍在美国海军陆战队及许多国家的警察部门服役。

Rx4“风暴”卡宾枪

STEYR AUG

斯太尔 AUG 突击步枪（奥地利）

简要介绍

斯太尔 AUG 是德语 Armee Universal Gewehr 的缩写，即陆军通用步枪。是一种导气式、弹匣供弹、射击方式可选的无托结构步枪。它是 1977 年奥地利斯太尔 – 曼利夏公司推出的军用自动步枪，是史上首次正式列装、实际采用模块化和无托式设计的军用步枪。AUG 突击步枪集无枪托、塑料枪身、千里眼、模块化四大优点于一身：易携带、耐腐蚀、使用寿命长、配备高倍瞄准镜、模块化的部件设计方便拆卸。AUG 是一种将以往多种已知的设计意念聪明地组合起来，结合成一个可靠、美观、整体的步枪杰作。

研制历程

AUG 突击步枪是在 1960 年代后期开始研制的，其目的是为了替换当时奥地利军方采用的 Stg.58（FN FAL）战斗步枪。由奥地利斯太尔 – 丹姆勒 – 普赫公司的子公司斯太尔 – 曼利夏有限公司负责研制，主设计师有霍斯特・韦斯珀、卡尔・韦格纳和卡尔・摩斯三人。AUG 定型生产后，奥地利军方让 AUG 与 FN FAL、FN CAL、捷克的 Vz.58 和 M16A1 进行了对比试验，AUG 的性能表现最为出色。1977 年正式被奥地利陆军采用，1978 年开始批量生产。

基本参数（AUG-A1）	
枪长	790 毫米
枪管长	508 毫米
枪重	3.6 千克
口径	5.56 毫米
容弹量	30 / 42 发
有效射程	500 米
初速	970 米 / 秒

性能特点

斯太尔 AUG 实际上是一个武器系统，4 种不同的枪管可以在几秒内就装进任一机匣中，成为 4 种不同的武器：步枪、卡宾枪、轻机枪、冲锋枪；AUG 武器系统是模块化结构的，全枪由枪管、机匣、击发与发射机构、自动机、枪托和弹匣 6 大部件组成，所有组件，包括枪管、机匣和其他部件都可以互换。

知识链接 >>

奥地利斯太尔城的约瑟夫·沃恩德尔出身自一个多年从事武器贸易的家族，他们的家族企业在 1835 年雇用了大约 500 个工人开始生产步枪配件。在父亲去世后，24 岁的沃恩德尔和他的母亲一起接管了企业。1864 年，他成立了奥地利轻武器制造公司，后来又改为斯太尔股份有限公司和今天的集团子公司斯太尔 – 曼利夏。

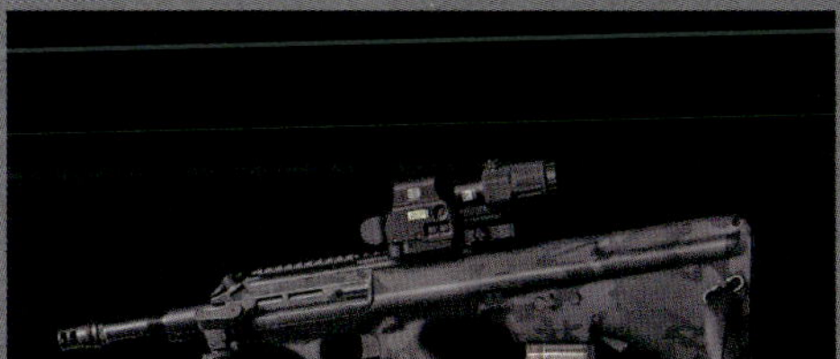

▲ 斯太尔 AUG 突击步枪

FAMAS 自动步枪（法国）

简要介绍

FAMAS 是法语“轻型自动步枪，圣艾蒂安生产”的缩写，正如其名称所表达的意思，FAMAS 是由法国 GIAT 集团下属的圣艾蒂安兵工厂生产的。FAMAS F1 随法军参加海湾战争、沙漠风暴行动中不管是在近距离的突发冲突还是中远距离的点射，都有着优良的表现。除法国军队外，加蓬、吉布提、黎巴嫩、塞内加尔、阿联酋等国的军队也有装备 FAMAS。

研制历程

法国研制该枪的指导思想是既能取代 MAT49 冲锋枪和 MAS 49 / 56 步枪，又能取代一部分轻机枪。二战后，法国人认为把他们的 7.5 毫米 ×54 毫米步枪弹改进一下就可以现代化了，因此在小口径步枪热时，法国最初研究的 FAMAS 仍是 7.5 毫米 ×54 毫米口径的。可是到了 1970 年，法国终于还是决定和其他北约国家看齐，将 FAMAS 改为发射雷明顿 M193 枪弹。1971 年 St. Etienne 提交了 10 支样枪供法国步兵团试验，经过两年的试验后对某些部件做了修改，并增加了 3 发点射控制装置后，于 1979 年向法国陆军提交了第一批的 FAMAS F1，并首先装备伞兵部队。

基本参数（FAMAS F1）	
枪长	757 毫米
枪管长	488 毫米
枪重	3.61 千克
口径	5.56 毫米
容弹量	25 发
有效射程	300 米
初速	960 米 / 秒

性能特点

FAMAS 不需要安装附件即可发射枪榴弹，包括反坦克弹、人员杀伤弹、反器材弹、烟雾弹及催泪弹。而且 GIAT 为其研究了有俘弹器的枪榴弹，因此不需要专门换空包弹就可以直接用实弹发射。FAMAS 的射速快，而更重要的是它的弹道非常集中。实际上 25 发子弹连射时基本都集中在一个很小的范围里。

知识链接 >>

FAMAS 经常出现在各种网络游戏中，在著名的 CS 系列中，它第一次出现是在《反恐精英 CS1.6》里，弹夹 25 发，子弹口径 5.56 毫米且与 M4、Galil 的子弹通用，并配有三连发与自动射击两种模式（通过鼠标右键转换）。由于价格低于 M4 而经常成为反恐在经济条件不足时的替代品。远距离使用三连发模式效果强劲，如果使用者瞄准能力强可成为杀人利器。

▲ FAMAS 自动步枪

FN F2000 突击步枪（比利时）

简要介绍

FN F2000 是由比利时 FN 公司制造的一种突击步枪，是一个紧凑型 5.56 毫米无托步枪。F2000 默认 1.6 倍瞄准镜，加装专用的榴弹发射器时亦可换装具测距及计算弹着点的专用火控系统。该步枪采用了大量复合材料，外形光滑、流畅。光学瞄准具安装在 MIL-STD-1913 式皮卡汀尼轨道上，外罩一个模压的框架，框架内设有缺口和柱状准星。采用标准 M16 的 30 发弹匣供弹，拆装十分方便。

研制历程

FN 在 1995 年就开始着手研制一种新的武器系统，考虑到未来特种作战的需要，FN 公司将模块化思想贯穿到这个新产品的开发中，使士兵在战场环境中很容易更换部件来适应不同情况的需求，同时，他们也要求这种武器为未来可能出现的新型部件留下接口。2001 年 3 月在阿拉伯联合酋长国阿布扎比举行的 IDEX 展览会上，FN 公司第一次公开展示了这种新颖的武器系统，并命名为 F2000 突击武器系统。

基本参数	
枪长	694 毫米
枪管长	400 毫米
枪重	3.6 千克
口径	5.56 毫米
容弹量	30 发
有效射程	500 米
初速	910 米 / 秒
射速	850 发 / 分

性能特点

FN F2000 突击步枪自动方式为导气式，采用枪机回转式闭锁。F2000 另一种独特设计是采用 P90 的混合式发射模式选择钮及前置式抛壳口，由一段经机匣内部、枪管上方的弹壳槽导引至枪口上抛壳口并向右自然排出，解决了左手射击时弹壳抛向射手面部及气体灼伤的问题，而射击时首发弹壳会留在弹壳槽内，直至射击至第三、四发，首发弹壳才会排出。

知识链接 >>

无托结构步枪并不是真正“无托”，其实“无托”步枪有一个内部构造更为复杂的枪托——机匣。也就是说，去掉了传统的枪托，直接以机匣抵肩。这种结构实质上是将机匣及发射机构包络在硕大的枪托内，握把前置，弹匣和自动机后置，从而在保持枪管长度不变的情况下，缩短了全枪的长度，这是无托结构最为显著的特点。

▲ FN F2000 突击步枪

SIG SG550

西格 SG550 突击步枪（瑞士）

简要介绍

SG550 是瑞士工业公司（SIG）研制的 5.56 毫米口径突击步枪，它的结构简单，全枪只有 174 个零部件，比 SG510 式 7.62 毫米 步枪少 63 个。同时，该枪大量采用冲压件和合成材料，这大大减小了全枪质量。该枪坚固耐用，可靠性好，机动性强，费效比好，耐高温，抗严寒，是一支设计比较成功的小口径步枪。该枪有两种型号：SG550 式步枪是标准型，供步兵使用；SG551 式步枪是短枪管型，供坦克和装甲车乘员使用。

研制历程

20 世纪 70 年代后半期，在世界轻武器出现小口径浪潮的情况下，瑞士军事当局也决定寻求一种小口径步枪。在招标中，瑞士伯尔尼武器工厂着手研制 6.45 毫米口径步枪，瑞士工业公司研制 5.56 毫米口径步枪。1980 年 9 月 24 日，伯尔尼武器工厂和瑞士工业公司展示了各自的样枪，1981 年中各交付 400 支样枪供部队试验。不久，瑞士工业公司的 5.56 毫米口径得到了军方的认可。后来，根据部队试验中提出的问题，又做了进一步改进。1983 年 2 月，瑞士联邦议会决定采用瑞士工业公司研制的新枪，正式命名为 SG550 突击步枪。

基本参数	
枪长	998 毫米
枪管长	528 毫米
枪重	4.1 千克
口径	5.56 毫米
容弹量	5 / 20 / 30 发
初速	995 米 / 秒
射速	700 发 / 分

性能特点

SG550 突击步枪尽管外形与 SG540 / 543 式步枪相似，但其内部结构做了不少改进。枪管用镍铬钢锤锻而成，枪管壁很厚，没有镀铬。消焰器长 22 毫米，其上可安装新型刺刀。装填拉柄、弹匣卡笋和快慢机柄在枪的左侧，左、右手都容易操作。握持小握把的手不需移动即可操作快慢机柄与手动保险。

知识链接 >>

1853 年，弗里德里希·派依尔、海因里希·莫泽和康拉德·内尔在瑞士莱茵河福尔斯附近的诺伊豪森开设了一家生产四轮马车的工厂。后来，根据瑞士联邦防卫部门的要求，瑞士马车制造厂开始加入研制新型步枪的竞争，希望瑞士军队会采用。4 年后，工厂获得生产 Prelaz-Burnand 步枪的订单。于是他们把公司名字更改为瑞士工业公司（SIG），总部一直设在诺伊豪森。

▲ SG550 突击步枪精确射手型

STEYR SSG04

斯太尔 SSG04 狙击步枪（奥地利）

简要介绍

SSG04 是斯太尔－曼利夏有限公司推出的狙击步枪，该枪最大的亮点是它完全摒弃了 SSG69 的老机构。为了提高安全性，新型枪机还设计有一个被闭锁凸笋控制的轴衬密闭弹膛。这种闭锁机构在 840 帕左右的测压试验下，能始终保持平稳、可靠的运动，射手射击感觉十分舒适。由于 SSG04 狙击步枪采用了这种新颖的枪机机构，行家们认为它有可能在新一代狙击步枪中脱颖而出。

研制历程

在狙击步枪家族中，奥地利斯太尔－曼利夏公司的 SSG69 式 7.62 毫米口径狙击步枪称得上是其中的佼佼者。自 1969 年露面至今，它以其优良的性能相继被许多国家和地区的军队装备。时隔 35 年，斯太尔公司又推出了 SSG69 的继任者——SSG04 狙击步枪。该枪虽然继承了 SSG69 的自动原理、供弹方式、发射方式和闭锁方式，但在内部结构上却是青出于蓝。

基本参数	
枪长	1175 毫米
枪管长	600 毫米
枪重	4.9 千克
口径	7.62 毫米
容弹量	8 / 10 发

性能特点

同 SSG69 狙击步枪一样，SSG04 狙击步枪的黑色枪托也由工程塑料制成，防潮、防热性好，恶劣天气下不变形，经得起粗暴使用，有利于提高射击精度。后托较 SSG69 的略微平滑，可加缓冲垫，借助两个平滑的翼形螺钉快速调整长度，以适合不同射手的需要。加之托底板和贴腮板的高低可调，人枪达到了完美的组合。

▲ SSG04 狙击步枪

知识链接 >>

SSG69 是斯太尔－曼利夏有限公司在 1969 年推出的新型狙击步枪，1970 年，SSG69 狙击步枪交付给奥地利陆军，作为其制式步枪。其他许多国家的军队和警察也相继采用该枪。这是一种按照曼利夏系统设计的手动装填步枪。该枪采用加长机匣，使枪管座的长度达到 51 毫米，从而使枪管与机匣牢固结合。

马克沁重机枪（美国）

简要介绍

马克沁重机枪是世界上第一种真正成功的以火药燃气为能源的自动武器，它在中国也被称为赛电枪。马克沁重机枪获得成功后，许多国家纷纷进行仿制，一些发明家和设计师针对马克沁重机枪的原理和结构进行改进和发展。

研制历程

1882 年，生于美国缅因州的马克沁赴英国考察时，发现士兵射击时常因老式步枪的后坐力，肩膀被撞得青一块紫一块。这说明枪的后坐具有相当的能量，这种能量来自枪弹发射时产生的火药气体。马克沁受到启发，首先在一支老式的温彻斯特步枪上进行改装试验，利用射击时子弹喷发的火药气体使枪完成开锁、退壳、送弹、重新闭锁等一系列动作，实现了单管枪的自动连续射击，并减轻了枪的后坐力。马克沁在 1883 年研制出世界上第一支自动步枪。他进一步探索，改变了传统的供弹方式，制作了一条长达 6 米的帆布弹链。由此，他在 1884 年制造出世界上第一支能够自动连续射击的机枪。

基本参数	
枪重	27.2 千克
口径	11.43 毫米
容弹量	333 发（弹带）
射速	600 发 / 分

性能特点

马克沁机枪，在发射瞬间，机枪和枪管扣合在一起，利用火药气体能量作为动力，通过一套机关打开弹膛，枪机继续后坐将空弹壳退出并抛至枪外，然后带动供弹机构压缩复进簧，在弹簧力的作用下，枪机推弹到位，再次击发。这样一旦开始射击，机枪就可以一直射击下去，直到子弹带上的子弹打完为止，给敌方极大的杀伤力。

知识链接 >>

马克沁设计完成机枪后，本想秘密地进行射击试验，却不料走漏了风声，英国剑桥公爵殿下闻风赶到小作坊参观，而皇室一动，大批名流要人接踵而至。在众目睽睽之下，马克沁机枪的肘节机构像人的肘关节一样快速灵活地运动，子弹飓风般呼啸扫射。观者无不目瞪口呆。从此，马克沁和他的机枪名扬世界。

▲ 马克沁爵士和他的机枪

勃朗宁 M1917 重机枪（美国）

简要介绍

M1917 式勃朗宁重机枪是一种水冷式重机枪，由美国著名的枪械设计师约翰·摩西·勃朗宁设计，发射 7.62 毫米 ×63 毫米弹药，枪管外套有容量 3.3 升水的套筒，用于冷却枪管。M1917 式机枪曾在比利时、波兰等国家仿制。中国的汉阳兵工厂于 1921 年仿造成功，称为卅节式重机枪。

研制历程

1900 年，约翰·摩西·勃朗宁成功设计出采用枪管短后坐式原理的重机枪，并获得专利权。1910 年，勃朗宁在美国犹他州奥格登堡制造了他设计的水冷式重机枪样枪。但未受到军方的关注。美国在一战期间从法国购买了 M1915 绍沙机枪，该枪在射击过程中容易卡壳，动作可靠性很差。1917 年美国国防部开始在国内寻求一种作用可靠的机枪。美国战争部的一个委员会在对勃朗宁设计的机枪进行试验时，大为满意，遂被选中作为制式武器，定型命名为勃朗宁 M1917 重机枪。然后大量生产，到一战结束总共生产了 56608 挺。

基本参数	
枪长	965 毫米
枪重	47 千克
口径	7.62 毫米
容弹量	250 发
有效射程	900 米
初速	854米 / 秒
射速	450 发 / 分

性能特点

M1917 采用枪管短后坐式工作原理，卡铁起落式闭锁机构。机匣呈长方体结构，内装自动机构组件。整个机构比较复杂。勃朗宁机枪持续火力强，动作可靠，但比较笨重。该枪采用弹带供弹，利用枪机后坐能量带动拨弹机构运动。该枪枪管可在节套中拧进或拧出，以调整弹底间隙。该枪还配有三脚架。瞄准装置该枪准星为片状，可做横向调整；表尺为立框式，可修正风偏。

知识链接 >>

重机枪一般枪身重 15 千克 ~ 25 千克，枪身长 1000 毫米 ~ 1200 毫米，一般可高射与平射两用。与轻机枪相比，重量重，枪架稳定，有好的远距离射击精度和火力持续性，能较方便地实施超越、间隙、散布射击。主要用于歼灭和压制 1000 米内的敌集团有生目标、火力点和薄壁装甲目标，封锁交通要道，支援步兵冲击，必要时也可用于高射，歼灭敌低空目标。

▲ 一名美国海军陆战队士兵正在使用 M1917

勃朗宁 M1919 机枪（美国）

简要介绍

M1919 系列机枪是美国勃朗宁公司生产制造的机枪系列。一战结束后，在 M1917 机枪的基础上，去掉枪管上外罩的水筒，将水冷式改为气冷式，重量大幅度减轻，逐步推出了 M1919 系列机枪。比较著名的是 M1919A4、M1919A6。M1919 系列机枪尽管不够完美，但其足迹还是遍布五洲，直到 20 世纪 80 年代，仍是许多国家的军队装备。M1919 系列机枪最终被 M60 通用机枪取代。

研制历程

一战结束后，勃朗宁在 M1917 的基础上逐步推出了 M1919 的一系列机枪：笨重的水冷式机枪不适合装在飞机和坦克上，也不适合骑兵使用，所以勃朗宁将水冷式改为气冷式，推出了装在坦克上的 M1919 和 M1919A1；供骑兵使用的 M1919A2 这些机枪的自动方式未变，仍然是枪管短后坐式。此后，又研制出了 M1919A4 机枪，用以在中、近距离上对步兵进行火力掩护，还可以在侧翼支援步兵进攻，在防御阵地实施火力支援。但 M1919A4 在进攻中赶不上步兵的速度，所以不适合作为进攻型武器。美国武器局再次对其加以改进，于是出现了 M1919A6，但 M1919A6 却是 M1919 系列中的一个败笔。

基本参数（M1919A4）	
枪长	964 毫米
枪管长	610 毫米
枪重	14 千克
口径	7.62 毫米
有效射程	1000 米
初速	860 米 / 秒
射速	500 发 / 分

性能特点

M1919 是由 M1917 水冷式重机枪的水冷方式改进为气冷，M1919 的全枪质量大为减轻，既可车载又可用于步兵携行作战。外观上明显的特征是枪管外部有一散热筒，筒上有散热孔，散热筒前有助退器。该枪采用枪管短后坐式工作原理，卡铁起落式闭锁机构。机匣呈长方体结构，内装自动机构组件。

知识链接 >>

M1919 系列机枪虽然有一些不尽如人意之处，但并没有很快被淘汰，仍被许多国家的军队使用。作为轻机枪，它的质量达 14 千克，的确太重。而后来被装在 M48、M60 主战坦克和直升机上的改进型则经受住了考验。仅在二战中就有 73 万挺 M1919 投放战场，直至战后许多国家的军队还继续装备了一段时间。

▲ 使用勃朗宁 M1919A4 作战的美国士兵

M60 通用机枪（美国）

简要介绍

M60 通用机枪是美军分队中的主要压制武器，机载、车载数量庞大，参加过美军在越南战争后所有的作战行动。M60 有多种改进型，不仅能用于地面战斗，也可以装在战斗车辆或飞机上。比如 M60E2 型枪管加长，去掉握把、扳机、瞄准具、前托等，采用电击方式，可安装在坦克或者装甲车上，作为并列机枪。M60C 和 M60D 可安装在直升机、炮艇的活动枪架上。M60 是世界上最著名的机枪之一，除美军装备外，韩国、澳大利亚等 30 多个国家的军队也都装备了它。

研制历程

M60 式 7.62 毫米通用机枪是美国斯普林菲尔德兵工厂研制开发的，设计工作起始于二战末期，经过了 T44 式、T52 式、T61 式等多次改进，于 1957 年正式定型为 M60 式，并且全面投产，1958 年开始装备美军，替换 7.62 毫米勃朗宁 M1917A1、M1919A4 重机枪和 M1919A6 轻机枪。

基本参数	
枪长	1105 毫米
枪管长	560 毫米
枪重	10.51 千克
口径	7.62 毫米
有效射程	800 米
初速	855 米 / 秒
射速	550 发 / 分

性能特点

M60 在结构上博采众长，与老式机枪相比，重量有所减轻，同时具有结构紧凑、火力强、易于控制、精度好、用途广泛等特点。枪管首次采用了衬套式结构，在弹膛前面有 152.4 毫米长的钨铬钴合金衬套，这种结构提高了枪管抗烧蚀性能。同其他重机枪一样，M60 也可以快速更换枪管，但是由于提把装在机匣上，需要射手戴着手套操作。

▲ M60 通用机枪

知识链接 >>

通用机枪，是既具有重机枪射程远、威力大的优势，又兼备轻机枪携带方便、使用灵活优点的一种机枪。其枪身用两脚架支撑时作轻机枪使用，用三脚架支撑时作重机枪使用。有的还能配用高射枪架，实施对空射击。大多数国家以轻机枪状态装备使用，枪架作为附件编配。近几十年来，各国研制的新型机枪大多是通用机枪，这使得通用机枪得到了飞速发展。

M249 班用机枪（美国）

简要介绍

M249 机枪，属于班用自动武器。M249 是比利时 FN 公司制造的 FN Minimi 轻机枪的改良版本，发射 5.56 毫米 ×45 毫米口径北约标准弹药，1984 年正式成为美军三军制式班用机枪，亦是步兵班中最具持久连射火力的武器。

研制历程

20 世纪 60 年代，当美军换装了 M16 步枪后，虽然 M60 为连属通用机枪，但由于当时装备的 M16 都能全自动射击，而且越南丛林中的交战距离普遍不远，必要时全班全排都可以进行火力压制，因此当时在前线对于班用机枪没有迫切的需要。1970 年 7 月，美国陆军正式批准班用轻机枪的研究，但并没有指定的口径，只是命名为“班用自动武器”（SAW）。

然而研制一直不尽如人意，直到 1976 年 10 月，由陆军、海军陆战队、空军和海岸防卫队组成的联合小组（JSOR）负责 5.56 毫米 SAW 的研究试验。多家轻武器制造商参与竞标，四个候选系统在 1979 年 4 月开始由 JSOR 进行对比试验。1982 年，美军决定采用 FN 公司的 XM249，并正式定名为 M249。1984 年，美军和 FN 公司签订了 5 万挺机枪的合同。

基本参数	
枪长	1041 毫米
枪管长	521 毫米
枪重	7.5 千克
口径	5.56 毫米
容弹量	100 / 200 发
有效射程	1000 米
初速	915 米 / 秒

性能特点

M249 特种用途武器（M249 SPW）是 FN 根据美国特种作战司令部（USSOCOM）的要求开发的战术改良、轻量化版本，空枪重 5.7 千克、长 908 毫米。M249 SPW 移除了提把、两脚架、STANAG 弹匣供弹口及车用射架配接器，采用伞兵型的旋转伸缩式管型金属枪托，同时在机匣内部钻孔以减低重量。

知识链接 >>

在可靠性试验中，M249表现良好，即在不同的恶劣气候条件下，M249机枪以不同的射速在5分钟内发射了700发枪弹，全过程无任何技术故障。在选型时进行的试验场试验和部队试验中，FN公司的29支样枪共发射了50余万发枪弹。尽管机匣的寿命定为5万发，但仍有些试验样枪超过这一界限后继续射击，没有出现任何技术故障。

▲ M249班用机枪

勃朗宁 M2 大口径重机枪（美国）

简要介绍

勃朗宁 M2 大口径重机枪，俗称“点 5”重机枪，常见用于步兵架设的火力阵地及军用车辆，如坦克、装甲运兵车等，主要用途是攻击轻装甲目标，集结有生目标和低空防空。其中的重要改型 M2HB 是世界上最著名的大口径机枪之一，目前有 50 多个国家装备，而且大多数西方国家都使用。

研制历程

M2 的 12.7 毫米 BMG 弹药由美国温彻斯特连发武器公司开发，主要是对抗一战时德国的 13 毫米口径反坦克步枪弹药。为了赶进度，设计师勃朗宁和温彻斯特公司的技术人员合作，在勃朗宁 M1917 重机枪的基础上研制成 12.7 毫米口径机枪，并于 1921 年正式定型，列为美军的制式装备。美军当时命名为 M1921。1932 年，美军对 M1921 进行改进后正式命名为 M2。当时为解决持续射击枪管容易过热的问题于 1933 年又研制出了带重枪管的 M2 式机枪，称为 M2HB 式，后来更推出了可快速更换枪管的 M2QCB 及轻量版本，一直沿用至今。

基本参数	
枪长	1653 毫米
枪管长	1143 毫米
枪重	38.2 千克
口径	12.7 毫米
最大射程	2500 米
初速	930 米 / 秒
射速	450 ~ 550 发 / 分

性能特点

M2 大口径机枪采用大口径 BMG 弹药，具有火力强、弹道平稳、极远射程的优点，射速每分钟 450 至 550 发（二战时航空用版本为每分钟 600 至 1200 发）及后坐作用系统令其在全自动发射时十分稳定，命中率亦较高，但低射速也令 M2 的支持火力降低。该枪发射 12.7 毫米 ×99 毫米口径枪弹，包括有普通弹、穿甲燃烧弹、穿甲弹、曳光弹、穿甲曳光弹、穿甲燃烧曳光弹、脱壳穿甲弹、硬心穿甲弹、训练弹等。

知识链接 >>

20 世纪 80 年代以后，随着部队装备的战斗车辆及飞机等防护的加强，原来的 12.7 毫米机枪 / 弹药系统对摧毁 BMP 这一类型的各种步兵战斗车辆已显得无能为力，所以这类机枪 / 弹药系统面临着在军队装备中被废弃的危险。FN 公司进行了重要改进。改进后的 12.7 毫米机枪 / 弹药新系统，使用性能更好，从而使 12.7 毫米机枪停滞多年以后，又重新活跃起来。

▲ 勃朗宁 M2 大口径重机枪

M1910 重机枪（苏联）

简要介绍

M1910 重机枪是俄国仿制马克沁机枪的成果，它的仿制成功对俄国及其后苏联的轻武器发展影响深远。从 1914 年俄国卷入一战，历经十月革命、苏俄国内战争，M1910 重机枪忠实地履行自己的战争职责。直到二战，M1910 式重机枪仍旧在红军中使用。不过到了 1943 年时，它就被 SG-43 古尔约诺夫重机枪取代了。

研制历程

M1910 与英国和德国生产的马克沁机枪没有本质的差别，只是采用了独特的索科洛夫轮式枪架。俄罗斯于 1905 年采用了马克沁机枪，使用铜制的水冷枪管套筒，称为 M1905。1910 年为方便制造改成与英国维克斯机枪相同的凹槽套筒，称为 M1910。之后未做任何改进，直到 1942 年在套筒上安装大型注水器，以便必要时在其中加入大量的雪。最常见的承载方式是轮式沙科洛夫，即装在带轮子的车架上，并将机枪安装在转盘上。转盘上有小型钢制挡板，但这种挡板太小，用途不大，因此通常将其去掉。

基本参数	
枪长	1107 毫米
枪重	23.8 千克
口径	7.62 毫米
有效射程	650 米
射速	550 发 / 分

性能特点

M1910 的工作方式仍为枪机短后退式，冷却方式由水冷式改为气冷式，枪口取消了制造工艺复杂的消烟器。机匣左侧或顶部以及弹簧盖上标有生产厂标识、生产年份和序列号。口形握把之间有卡销，上拨为射击。其退弹过程为，按压进弹口右侧的掣爪压板并卸下弹链。发射前可后拉并松开拉机柄两次，用铅笔或类似工具检查枪管下方的抛壳口是否有枪弹，然后扣动扳机。

知识链接 >>

俄国自行制造的第一种马克沁是 M1905 重机枪，就在 1905 年下半年，俄国对该枪进行了第一次改进，将昂贵的全铜冷却水筒换成了钢板冲压件，前部的端板仍然使用铜材，这种机枪后来被称作 1905 / 10 式重机枪，即 M1910 重机枪。

▲ 苏联红军和 M1910 重机枪

DP-28

捷格加廖夫轻机枪（苏联）

简要介绍

捷格加廖夫轻机枪，亦称 DP-28 轻机枪，是完全由苏联制造的最早的轻机枪之一。1928 年装备于苏军，在二战中发挥了重要作用。使用中发现，该枪连续射击后，枪管发热致使枪管下方的复进簧受热而改变性能，影响武器的正常工作。后将复进簧改放在枪尾内，于 1944 年重新定型，改名为 DPM 轻机枪。苏联原创 DP 机枪在卫国战争结束后从苏联武器装备中退役，但至今在局部地区冲突中仍有被使用。

研制历程

捷格加廖夫轻机枪由苏联军械师瓦西里·阿列克谢耶维奇·捷格加廖夫在 1926 年设计定型，1927 年 12 月 21 日替代“马克沁－托卡列夫”机枪装备工农红军。DP 轻机枪配用弹种也为 7.62 毫米 ×54 毫米的枪弹。由科夫洛夫工厂（现称“捷格加廖夫工厂”）生产。此类机枪共生产有 70 多万挺。第一批 DP 轻机枪配置圆盘式弹盘。二战结束后，在 DP 轻机枪的构造基础上研制出采用弹链供弹的 RP-46 式连用机枪。

基本参数	
枪长	1290 毫米
枪管长	605 毫米
枪重	9.1 千克
口径	7.62 毫米
容弹量	47 发
有效射程	800 米
初速	840 米 / 秒
射速	550 发 / 分

性能特点

捷格加廖夫轻机枪结构简单，全枪只有 65 个零件，制造工艺要求不高，适合大量生产，而且枪的机构动作可靠。该枪采用导气式工作原理。闭锁机构为中间零件型闭锁卡铁撑开式（俗称鱼鳃撑板式）。闭锁时，靠枪机框复进将左右两块卡铁撑开，锁住枪机。采用弹盘供弹，弹盘由上下两盘合拢构成，上盘靠弹簧使其回转，不断将弹送至进弹口。

知识链接 >>

瓦西里·阿列克谢耶维奇·捷格加廖夫是苏联杰出的轻武器设计师，苏军炮兵工程勤务少将。1931年任自动枪械设计局局长。捷格加廖夫是继斯大林之后，第二个获得“社会主义劳动英雄”勋章荣誉的人。1916年8月27日成立的位于科夫罗夫的捷格加廖夫工厂亦是以捷格加廖夫的名字命名。

▲ 使用 DP 轻机枪的士兵

GORYUNOV SG-43

郭留诺夫 SG-43 重机枪（苏联）

简要介绍

SG-43 重机枪是苏联枪械设计师郭留诺夫设计，故该枪又称郭留诺夫重机枪。取代 M1910 成为德普（DP）系列轻机枪的火力补充武器，在二战期间发挥了很大作用。由于 SG-43 威力大、精度好，战争结束后仍有不少国家使用此款机枪。可惜的是，郭留诺夫在他设计的机枪装备于部队之前就去世了，因而他生前未能享受到 SG-43 重机枪所获得的声誉。20 世纪 60 年代，苏军换装 PK 7.62 毫米通用机枪，SG-43 重机枪随之被淘汰。

研制历程

SG-43 重机枪是郭留诺夫在二战期间研制成功的，用以取代马克沁 M1910 水冷式机枪，增强 DP/DPM 轻机枪的火力。在战争临近结束时，苏军把 SG-43 机枪改进为 SGM 机枪。SGM 和 SG-43 机枪均作为营级武器配发，并装在苏军装甲输送车上。SG-43 使用捷格加廖夫轮式枪架并可安装防盾，SGM 配用西多连科 · 马利诺夫斯基框形三脚架，两种枪架均能变换成高射枪架。

基本参数	
枪长	1708 毫米
枪管长	720 毫米
枪重	13.8 千克
口径	7.62 毫米
有效射程	1000 米（平射） 500 米（高射）
初速	865 米 / 秒
射速	80～100 发 / 分

性能特点

SG-43 重机枪采用导气式自动方式，枪机偏移式闭锁机构，击发机构为“击锤”平移式。这里所说的“击锤”，并不是类似于手枪中的击锤，而是通过枪机框上的击铁来起到“击锤”的作用，击铁利用复进簧的能量撞击击针击发枪弹，并且击针上不带击针簧。该枪威力大，精度好。

知识链接 >>

SG-43重机枪是由苏联科夫罗夫的捷格加廖夫工厂设计生产的，设计团队负责人为郭留诺夫。但捷格加廖夫作为工厂的负责人之一，同样为郭留诺夫机枪的量产倾注了全力。他对郭留诺夫这位后起之秀赞赏有加，还利用自己的声望帮助郭留诺夫申请了国家级的斯大林奖金。1943年12月，郭留诺夫不幸病逝，年仅42岁，最终没能见到自己的设计名扬世界。

▲ 郭留诺夫 SG-43 重机枪

MAXIM MG08

马克沁 MG08 重机枪（德国）

简要介绍

马克沁 MG08 重机枪诞生在德国，是德军在一战中使用最广泛的一种重机枪，因其在一战期间给予了协约国重大杀伤，《凡尔赛条约》明确规定，战败的德军不得研制水冷重机枪。但是，德国人没有那么听话，而是悄悄保留了很多马克沁 MG08 重机枪，还研制出性能更优越的空冷 MG34 通用机枪。之后希特勒上台，《凡尔赛条约》成为一张废纸，德国性能更好的 MG34、MG42 通用机枪迅速装备党卫军和国防军一线部队，而德国二线部队直到 1945 年德国投降时，仍然有大量 MG08 重机枪服役。

研制历程

MG08 重机枪是德国人于 1908 年在英籍美国人海勒姆·马克沁 1884 年研制的马克沁机枪基础上发展而来的。由于初期在史宾道兵工厂生产，所以又名史宾道机枪，它后来还发展出了 MG08 / 15、MG08 / 18 等衍生型号，20 世纪 30 年代中华民国在它的基础上开发出了二四式重机枪。由于 MG34 的产量不足，德军在二战中依然在使用 MG08 重机枪。

基本参数	
枪长	1175 毫米
枪管长	719 毫米
枪重	26.4 千克
口径	7.92 毫米
容弹量	250 发（弹带）
最大射程	3500 米
初速	900 米 / 秒
射速	500 发 / 分

性能特点

此枪和其他马克沁重机枪一样采用后坐作用式，即利用子弹弹出的后坐力去完成退弹壳和重新上弹，供弹系统使用的是帆布制成的不可散式弹链。枪口保护罩兼做消焰器，通常还会加装一个圆形的小护盾以防止流弹、弹片破坏冷却水套筒。

知识链接 >>

1916 年 7 月 1 日开始的索姆河战役中，经过之前 7 天的猛烈炮击，英法联军信心十足地向德军阵地发起了进攻。当他们进入德军预先设好的索姆河地域内，德军突然架起马克沁 MG08 重机枪，对着英法联军疯狂扫射。英法联军的维克斯重机枪和哈奇开斯重机枪根本无法与之对抗。

▲ MG08 是德国在第一次世界大战中最重要的武器之一，直到第二次世界大战爆发之后仍在服役

MG34 通用机枪（德国）

简要介绍

MG34 通用机枪是 1930 年代德军步兵的主要机枪，亦是其坦克及车辆等的主要防空武器。它是德国毛瑟公司设计的，综合了以前许多机枪的特点，同时自身也有不少特点。它是第一种大批量生产的现代通用机枪。作轻机枪使用时，两脚架固定在机枪枪管套筒前箍上；作重机枪使用时，机枪安装在轻型（铝制）高射三脚架或高射双联托架式枪座以及折叠式高射支柱上，也可固定在一座专用高射支柱上。

研制历程

MG34 开发原是为了替代 MG13 等的老式机枪，但因为德军的战线太多，直至整个二战完结都没有完全取代。MG34 由毛瑟公司的海因里希·沃尔默设计，以莱茵金属公司推出的 MG30 机枪改良而成，将原有的弹匣供弹改为弹链供弹、加入枪管套及提高射速到每分钟 800 至 900 发。它在 1934 年获得军方的验收，1935 年开始装备于部队。二战中还生产了许多 MG34S 和 MG34 / 41 等改良型机枪。改良型机枪比原型机枪尺寸短，枪管也短；发射机构只能连发；具有更好的缓冲效果和枪管助退作用。

基本参数	
枪长	1219 毫米
枪管长	627 毫米
枪重	12.1 千克
口径	7.92 毫米
容弹量	50 / 75 / 200 发
有效射程	800 米（轻机枪） 1800米（重机枪）
初速	755 米 / 秒
机枪种类	气动式

性能特点

MG34 具有很多革命性的亮点，它既可用弹链供弹，又可换装 75 弹鼓供弹，使用弹链供弹左右都可进行，能双枪联装使用（可对付飞机）；主要零部件都很容易装卸，操作简单，可迅速转移阵地（机枪能够迅速转移阵地在实战中特别重要）；该枪理论射速为 800 ~ 900 发 / 分，最快时可达 1500 发 / 分，达到了单管机枪的巅峰。碗口粗的大树都能打断；有两根备份枪管，一旦枪管过热可迅速更换。

知识链接 >>

MG13 轻机枪是在德莱赛 M1918 轻机枪基础上改进而来的，德国自希特勒上台后，就着手将成千上万挺水冷式 M1918 轻机枪改造成气冷式机枪。这项工作由西蒙和祖尔公司进行，结果该枪外形和供弹系统都做了较大改变，并命名为 MG13 式 7.92 毫米轻机枪。直到 1935 年，它还是德军中的最重要机枪。

▲ 使用 MG34 通用机枪的德军士兵

MG42 通用机枪（德国）

简要介绍

MG42 通用机枪，是德文 Maschinengewehr 42 的缩写，意为“机枪 1942 年型”。最大的特点就是射速极快，被称为“希特勒的电锯”。这款由德国制造的、被誉为二战时期最好的机枪，令盟军闻声丧胆，视其为“步兵的噩梦”。它就是属于那种传说中的“最短的生产时间，最低的成本，但是最出色的武器”。美国兵称其为“希特勒的电锯”，苏联士兵称其为“亚麻布剪刀”。

研制历程

MG34 凭借其可靠性和出色的射击性能，得到德国军方的相当肯定，但它有一个比较严重的缺点，就是结构较复杂，制造耗费工时和材料。到二战时需要的是可以大量制造和装备部队的机枪，军方要求武器研制部门对 MG34 进行改进。

德国专家针对 MG34 有过多种改进方案，其中一种据说是受波兰战役中缴获的一款波兰机枪设计图的启发，由德国金属冲压专家格鲁诺夫博士改造完成。这个方案由于超出其他改进方案而中标。这就是 MG42 通用机枪。该枪采用金属冲压工艺进行制造，不仅节省材料和工时，也更加紧凑。整个二战中，MG42 生产了约 100 万支（一说 70 万支）。

基本参数	
枪长	1219 毫米
枪重	11.5 千克
口径	7.92 毫米
容弹量	100 发
有效射程	1000 米
射速	1200 发 / 分

性能特点

MG42 的射速非常惊人，可高达每分钟 1200 发，它射击时发出的声音，像急速开动的电锯一样非常可怕。同时它又是难得的可靠、耐用、简单、容易操作以及成本低廉的枪支。MG42 即使在零下 40℃的严寒中，依然可以保持稳定的射击速度。MG42 更换装置非常简单，只要扳动一根杠杆，倾斜枪身，枪管就会自动脱离跳出，并不需要用手触摸炽热的枪。更换一支枪管只需要几秒钟时间。

知识链接 >>

MG42 刚刚诞生并装备于部队的时候，在西方潜伏于欧洲的谍报人员看来，这是一款粗制滥造的武器。当时雪片般的报告飞向华盛顿和伦敦，内容都是：德国已经不行了，他们极端缺乏原材料。不过，当美英枪械制造专家弄清情况以后，却是大吃一惊。采用冲压技术的德军在机枪制造方面，已经远远领先了他们。在后来的实战中，MG42 成为盟军士兵的噩梦。

▲ MG42 通用机枪

莱茵金属 MG3 通用机枪（德国）

简要介绍

MG3 是德国生产的一种通用机枪，它动作可靠，火力猛，在结构上广泛采用冲压件和点焊、点铆工艺，生产工艺简单，成本低。MG3 至今仍然是现代德国部队装甲战斗车辆及其他军用车辆的主要副武器。MG3 及其衍生型在 30 多个国家的武装部队使用。获得许可生产的有意大利和西班牙（仿 MG42/59 型），巴基斯坦（仿 MG1A3 型），以及瑞士、希腊、伊朗、苏丹和土耳其（仿 MG3 型）。

研制历程

按德国联邦国防军的要求，由莱茵金属公司在 1958 年以二战中德国的 MG42 为蓝本，改为 7.62 毫米 ×51 毫米 NATO 口径作生产的版本，名为 MG1，其后再将瞄准具修改以合乎 7.62 毫米 ×51 毫米 NATO 子弹的弹道及改用镀铬枪管，命名为 MG1A1。MG1A1 的改良版本为 1959 年的 MG1A2，主要改为采用较重的击锤、加入新式环形缓冲器以对应美国的 M13 弹链及 DM1 弹链。再后来的又加入了枪口制退装置、改良两脚架及击锤，命名为 MG1A3。而以沿用的 MG42 直接改装成 7.62 毫米 ×51 毫米 NATO 的版本名为 MG2。至 1968 年，MG3 正式进行生产。

基本参数

枪长	1255 毫米
枪管长	565 毫米
枪重	11.5 千克
口径	7.62 毫米
供弹方式	弹链
有效射程	800 米（轻机枪） 1200 米（重机枪）
初速	820 米 / 秒
射速	250 发 / 分

性能特点

MG3 以钢板压制方式生产，采用后坐力枪管后退式（管退式）作用运作，内有一对滚轴的滚轴式闭锁枪机系统。这种设计令枪管在发射时会不断水平来回移动，当枪管移至机匣内部到尽头时，闭锁会开启，在 MG3 的枪管进行连续射击时，这个过程会在枪管护套内不断地快速重复。此系统属于一种全闭锁系统，而枪管亦会溢出射击时的瓦斯并在枪口四周呈星形喷出，在夜间容易产生巨大的射击火焰。

知识链接 >>

管退式，顾名思义就是通过枪管后坐带动机构动作的自动原理。1883年，美国人马克沁设计的世界上第一挺真正意义上的机枪——马克沁机枪采用的就是管退式原理，因此管退式原理是使用得最早的自动原理。采用这种原理的枪械枪管是浮动的，可以在机匣上前后移动，枪弹发射后，后坐力推动枪管后坐，带动枪机等其他零件动作完成自动循环。

▲ 挪威国防军的 MG3

黑克勒－科赫 MG4 轻机枪（德国）

简要介绍

MG4 轻机枪，由德国著名的黑克勒－科赫公司设计与生产，MG4 原本称为 MG43，在正式装备德国军队后命名为 MG4，表明它是机枪史上经典杰作 MG3 的后继者，于 2001 年 9 月 11—14 日期间在英国国际防务展上首次展出。这种新机枪为导气式原理，结构上和 FN Minimi 大致相同，但是向下抛壳。由于它这一特点，使得左右手皆可操作。除了德国使用外，包括马来西亚、葡萄牙、南非、西班牙、墨西哥、沙特阿拉伯等多国都进口这种轻型机枪。目前的 MG4 有三种型号，包括 MG4（标准型）、MG4E（出口型）、MG4KE（短枪管出口型）。

研制历程

在新型班用武器的研发中，H&K 公司舍弃了以前班用武器的设计风格，运用了全新的设计风格。H&K 公司以 MG43 为名称研发新型班用武器。2001 年，H&K 公司把试制成功的 MG43 机枪介绍给德国军方，德军很快对此进行了各项实验。为了适应千变万化的国际形势，德国军队加速试验，2004 年选中 MG43 机枪为制式武器，并正式定名为 MG4。

基本参数	
枪长	1005 毫米
枪管长	482 毫米
枪重	8.15 千克
口径	5.56 毫米
理论射速	885 发 / 分

性能特点

MG4 的导气装置在枪管的下方，其设计有些类似于 G36 的导气装置。枪管可以快速拆卸和更换。回转式枪机设计，弹链可以装在塑料弹箱上随枪携带，弹链从左向右送入机匣，而空弹壳则会通过机匣底部的抛壳口抛出。MG4 配有可折叠的两脚架，并有标准的 M2 式轻型三脚架和车载射架的接口。塑料枪托可以向左折叠，枪托折叠后也不会影响到对枪的操作。

知识链接 >>

MG4 在机匣顶部有皮卡汀尼导轨，机械瞄准具的照门座就安装在这段导轨上，但一般不需要拆卸。准星在枪管上，不使用时也可以向下折叠。可折叠的拉机柄在机匣右侧，两手均能操作的保险杆位于握把的上方。MG4 只能进行全自动射击。

▲ 黑克勒 - 科赫 MG4 轻机枪

捷克式 ZB26 轻机枪

（捷克斯洛伐克）

简要介绍

捷克式 ZB26 轻机枪，又称 ZB26 轻机枪，中国习称捷克式轻机枪，是捷克斯洛伐克布尔诺国营兵工厂在 20 世纪 20 年代研制的一种轻机枪。ZB26 除了装备捷克斯洛伐克军队外，还大量外销，直到 1938 年德国占领捷克斯洛伐克，大约出口了 12 万挺各型号的该机枪。中国、伊朗、伊拉克、埃及、智利、瑞典、土耳其等十多个国家，都采购了相当的数量。

研制历程

1920 年，设计师哈力克在布拉格军械厂开始设计一种新型的轻机枪。他先后设计出了布拉格一式、布拉格二式、布拉格 I-23 型。1925 年 11 月，布拉格军械厂与设在布尔诺的国营兵工厂签署了生产合约合作生产。哈力克随后加入了设在布尔诺的捷克斯洛伐克国营兵工厂，协助完成了生产蓝图的绘制。样枪于 1926 年 4 月经捷克斯洛伐克国防部验收合格，同年开始正式量产，定名为 ZB26。ZB26 轻机枪出现了许多改型，ZB-27、ZB-30、ZB-30j、ZB-33 等型相继出现，英国布伦式轻机枪即是由 ZB-33 改进而来。

基本参数	
枪长	1150 毫米
枪管长	672 毫米
枪重	10.5 千克
口径	7.92 毫米
容弹量	20 发
有效射程	550 米
初速	744 米 / 秒
射速	500 发 / 分

性能特点

ZB26 作为班组轻型自动武器，使用提把与枪管固定栓可以快速更换枪管的设计，使它在使用上有了更大的弹性。为了有效保持火力延续性，一般配备一个射手和一个副射手，大量弹药和备用枪管都由射击副手携带。熟练的射手在副射手的帮助下，更换枪管整个步骤只需要不到十秒钟的时间，一般每射击 200 发，需要更换一次枪管，如果射击频率慢，可以达到 250 发。

知识链接 >>

20 世纪 20 年代，中国开始购买和仿制 ZB26 轻机枪。1927 年，大沽兵工厂首先制出捷克式七九轻机枪。后来几乎所有兵工厂都有制造。但直到兵工总署获得 ZB26 的全套图纸之前，中国国内 ZB26 的生产都是靠逆向绘制出图纸生产出来的，而且是每个兵工厂各起炉灶，这就导致了一个结果，不同厂生产的 ZB26 之间零件不能通用，而且质量也参差不齐。

▲ 捷克式 ZB26 轻机枪

布伦式轻机枪（英国）

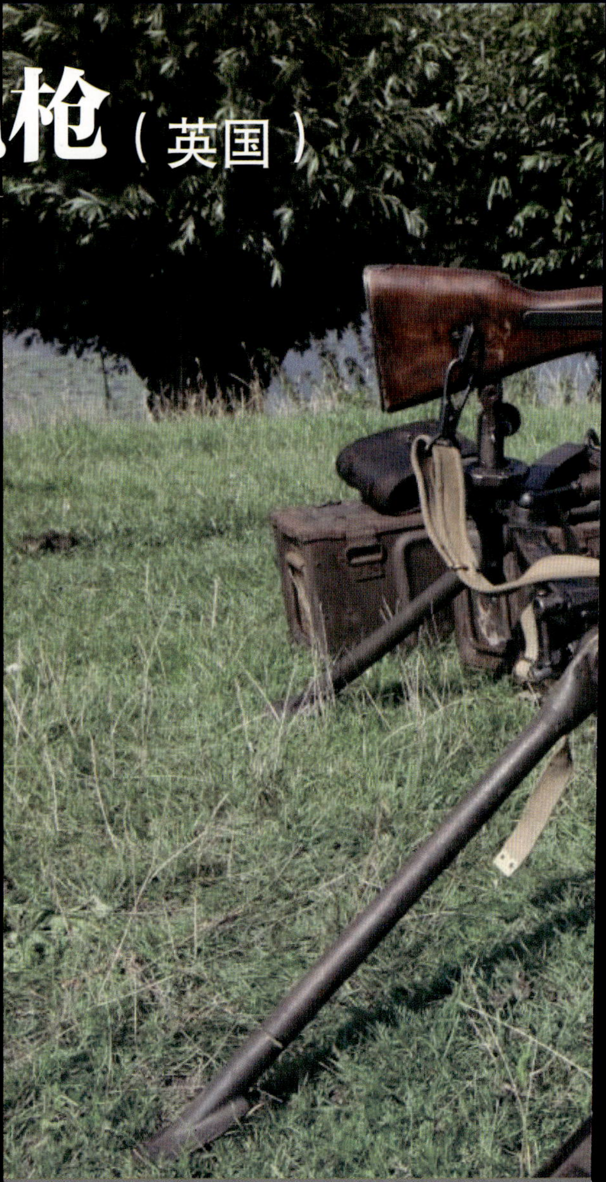

简要介绍

布伦式轻机枪也称布朗式轻机枪，是二战中英联邦国家军队的支柱。“布伦”（BREN）的命名由捷克斯洛伐克生产商布尔诺公司（Brno）和英国生产商恩菲尔德兵工厂（Enfield）的前两个字母组成。布伦式轻机枪良好的适应能力使得它的使用范围十分广泛，在进攻和防御中都被使用，是被战争证明的最好的轻机枪之一。

研制历程

布伦式轻机枪最初是由捷克斯洛伐克设计的ZB26轻机枪参加英国新型轻机枪选型，1933年被英国军方选中，并根据英国军方的要求在ZB26基础上改进而来。它同ZB26轻机枪一样采用导气式工作原理，枪机偏转式闭锁方式，即用枪机尾端上抬卡入机匣的闭锁槽方式来实现闭锁。1935年英国正式将该枪列装为制式装备，并从捷克斯洛伐克购买了该枪的生产权，由恩菲尔德兵工厂制造，1938年投产。到1953年北约欧洲各国统一步枪制式口径，英国将布伦式轻机枪重新设计改进成L4系列轻机枪，以适应北约制式7.62毫米×51毫米NATO无底缘步枪弹。

基本参数	
枪长	1150毫米
枪管长	535毫米
枪重	10.2千克
口径	7.7毫米
容弹量	25 / 30 / 100发
初速	743.7米/秒
射速	500发/分

性能特点

布伦式轻机枪是在ZB26轻机枪基础上改进而成的。ZB26枪管口径是7.92毫米，而布伦式轻机枪枪管口径改为英制7.7毫米，发射英国军队的7.7毫米×56毫米口径标准步枪弹。供弹弹匣也由20发增至30发，位于机匣的上方，从下方抛壳。枪管口装有喇叭状消焰器。该枪缩短了枪管与导气管，取消了枪管散热片，这也是与ZB26轻机枪明显的区别。

知识链接 >>

布伦轻机枪采用导气式工作原理。闭锁方式为枪机偏转式，即靠枪机尾端上抬卡入机匣顶部的闭锁卡槽实现闭锁。供弹方式为弹匣供弹。枪身在击发后，后坐是该枪结构上的特点，即在膛内压力开始升高的阶段，机匣、枪管、枪机、活塞筒以及两脚架会沿下机匣导轨后坐6毫米左右。后坐运动受机框缓冲器和弹簧的缓冲。当这一后坐能量被吸收后，机框缓冲簧重新张开，又将机匣、枪管等推送到原来位置。

▲ 使用布伦式轻机枪的英军士兵

大正十一式轻机枪（日本）

简要介绍

大正十一式轻机枪，因于1922年（即日本大正天皇十一年）定型成为制式装备而得名。其枪托为了便于贴腮瞄准而向右弯曲，外形上极具特色，所以在中国俗称“歪把子”机枪。它是日本在二战中广泛使用的一种轻机枪。抗日战争期间，我军缴获了大量大正十一式轻机枪，在我国军队中它一直用到了朝鲜战争时期。

研制历程

一战结束以后，世界各国特别是一些军事大国出现了新一轮军备竞赛和军事思想变革的风潮。日本为了增强一线徒步步兵的火力，开始为步兵班、组设计一型由1人～2人操作使用的轻机枪。机枪作为自动武器，要能使用通用步枪这种非自动武器的5发弹夹，这就必须实现两个最基本的要求：其一，必须具有一个能够承载和储放步枪5发弹夹的平台；其二，必须能够满足机枪自动射击的要求，并能把步枪弹夹式供弹具上的枪弹连续不断地送入进弹位置。围绕军方的战技要求，日本的设计师最终在1922年打造出日本第一型制式轻机枪——大正十一式轻机枪。

基本参数	
枪长	1100毫米
枪管长	485毫米
枪重	10.2千克
口径	6.5毫米
容弹量	5 /30发
有效射程	600米
初速	736米/秒
射速	500发/分

性能特点

大正十一式轻机枪的结构设计有两个特点：一是实现军方对战技性能的要求；二是运用当时世界上先进的枪械原理。它的特别设计与当时日军对一线步兵班、组支持武器的战术使命和战术要求相符。尽管大正十一式轻机枪实现了日本陆军基于战斗弹药保障的思想，但却牺牲了在战斗使用方面的整体性能。实战证明，枪械的结构越简单，可靠性也就相对越高；反之，可靠性则越糟。

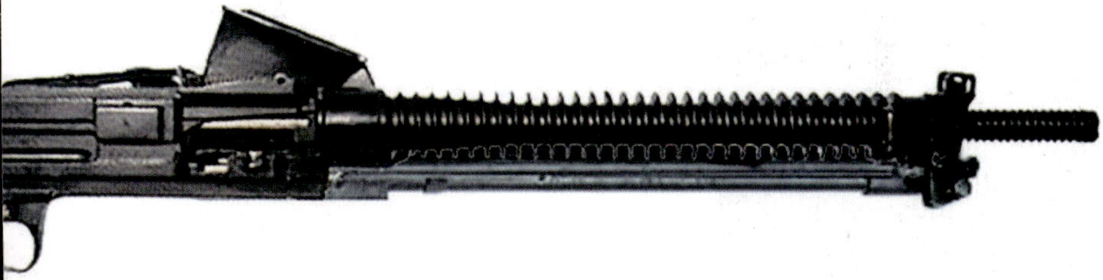

知识链接 >>

大正十一式轻机枪在战斗使用中装弹程序复杂。按日军教范的动作规定，装枪弹时，射手右手握枪颈，左手打开装弹机压弹盖板；副射手位于机枪左侧，以右手拇指在下、食指和中指在上，从弹箱中取 2 个 ~ 3 个弹夹，使弹夹底边对齐后装入装弹机中，并使弹夹与装弹机后沿对齐，装入 5 个 ~ 6 个弹夹后，扳回压弹盖板。

▲ 大正十一式轻机枪

TYPE 96 LIGHT MACHINE GUN

九六式轻机枪（日本）

简要介绍

九六式轻机枪是日本陆军在二战中使用的轻机枪。它在建造上采用了气冷式、气动式设计，虽然较强大的7.7毫米有坂子弹已被采纳并开始送往前线使用，但九六式轻机枪仍与十一式轻机枪一样，主要采用更易获得的三八式步枪的6.5毫米有坂子弹。在1945年至1949年的印尼独立战争中此枪也被采用。

研制历程

战斗中，日军充分认识到机枪可为前进的步兵提供掩护火力的功能。而大正十一式轻机枪在泥泞或脏乱的环境中就容易卡弹，使得日军不满意，要求重新设计的呼声也因而四起。陆军的小仓兵工厂测试了一些捷克斯洛伐克制ZB26式轻机枪的样本，借鉴其优长，枪械设计师南部麒次郎在1936年发布了命名为九六式的新型轻机枪。

基本参数	
枪长	1105毫米
枪管长	550毫米
枪重	10.22千克
口径	6.5毫米
容弹量	30发
有效射程	600米
初速	735米/秒
射速	100发/分

性能特点

九六式轻机枪与大正十一式轻机枪最大的差异在于装弹上，采用容纳30发子弹的曲型可卸式盒状弹匣。这设计些许增加了可靠性，也减轻了此枪的重量。其拥有侧翼的枪管也可快速替换，以避免过热。九六式拥有刀锋状前准星以及叶片状后准星，上有200米~1500米的刻度以及风向修正。在枪的右侧可安装一支有10°角视野的2.5倍放大望远瞄准镜。

知识链接 >>

九九式轻机枪是日本侵略军在二战中所使用的一种轻机枪，其设计基本上与九六式轻机枪相同。不过，它取消了油泵，并拥有较好的退壳机制，使其可靠度超越九六式轻机枪。九九式于1939年开始服役，但由于许多前线部队仍继续使用6.5毫米口径的三八式步枪，而且十一式与九六式都已大量生产，所以九九式与这两种较旧的一同使用，直到战争结束为止。

▲ 九六式轻机枪

THOMPSON M1928A1

汤普森 M1928A1 冲锋枪（美国）

简要介绍

汤普森 M1928A1 是美国自动军械公司生产的冲锋枪。它是美军的制式冲锋枪，M1928 刚出现时称为海军型冲锋枪，供海军使用；美国陆军采用时命名为 M1928A1 冲锋枪。1939 年，欧洲战争的爆发迫在眉睫，没有装备足够冲锋枪的其他国家为了对付大量装备冲锋枪的德军，也陆续向美国订购了冲锋枪。1942 年，对 M1928A1 进行了改进，发展了 M1 冲锋枪，并正式装备于美军，成为美军第一支制式冲锋枪。

研制历程

M1928A1 因为叫“汤普森冲锋枪”，很多人都误以为该冲锋枪是由约翰·汤普森退役中将发明的，而实际上汤普森是生产该冲锋枪的自动军械公司的总经理。该公司是由汤普森与两位技师约翰·布里斯和托马斯·瑞恩于 1916 年在纽约合伙创办的公司。自动军械公司从 1921 年开始投入汤普森冲锋枪的批量生产，量产型的冲锋枪命名为“汤普森 M1921 冲锋枪”。后来又相继出现了 M1923、M1928 系列冲锋枪。其中 M1928A1 于 1930 年研制成功，并少量装备了美军，二战中还为英、法等盟国军队所使用。二战期间，汤普森冲锋枪生产量达 140 多万支，1945 年停止生产。

基本参数	
枪长	811 毫米
枪管长	267 毫米
枪重	4.78 千克
口径	11.43 毫米
容弹量	20 / 30 / 50 / 100 发
有效射程	200 米
初速	282 米 / 秒

性能特点

M1928A1 式冲锋枪采用独特的半自由枪机式工作原理，枪机上有一个用青铜制成的 H 形延迟后坐块，位于枪机向后倾斜 70° 角的凹槽内，作用是在发射瞬间通过不同角度的摩擦阻力来延迟枪机后坐。各种汤普森冲锋枪均采用机械瞄准具，准星为片状，但 M1928A1 式采用带觇孔照门的翻转式表尺，M1 式和 M1A1 式则采用带觇孔照门的固定式表尺。

知识链接 >>

M1 冲锋枪是 M1928A1 的改进型，其主要改动是将全自动方式由半自由枪机式改为了自由枪机式，1942 年初定为 M1。此枪无表尺，采用觇孔式表尺准星瞄准，拉机柄在枪的右侧，没有枪口防震器，M1 没有斜向闭锁槽，上面无缺口，以免被机柄勾住。该枪没有黄铜机锁，所以闭锁时全靠本身的重量和弹簧的张力，因而机心较重。

▲ 汤普森 M1928A1 冲锋枪

M3 冲锋枪（美国）

简要介绍

M3 冲锋枪是由美国通用汽车公司生产的，由于外形像是替汽车打润滑油（黄油）的润滑油枪，也叫 M3“黄油枪”。M3 冲锋枪的机匣是由冲压成型的左右各半个机匣焊接成一体而成型的，复进簧、枪机等零部件全部是从机匣前方装入的，扳机、阻铁等零件也都是冲压件。M3 冲锋枪广泛采用冲压件的结果，是使该枪的生产性能超过了以往任何的冲锋枪，从而取代了汤普森冲锋枪。

研制历程

二战爆发后，为了满足日益增加的对冲锋枪的需求，美军对汤普森冲锋枪进行了多次简化改进，但在提高其生产性能方面并未能取得显著的效果。于是美国陆军决定寻找一种性能优且易于生产的冲锋枪。1942 年 10 月，美国陆军技术部正式推进了新型冲锋枪的开发计划，以美国陆军少校雷涅・斯达特拉为中心，由通用汽车公司国内部主任弗雷特利克・圣普森领导的开发小组主持设计。在设计过程中重点参考了英国的司登冲锋枪。1943 年年初，该公司开始整顿 M3 冲锋枪的生产线，当年夏季正式投入了 M3 的生产。1943 年秋季，美军开始装备 M3 冲锋枪。

基本参数	
枪长	745 毫米
枪管长	203 毫米
枪重	3.67 千克
口径	11.43 毫米
容弹量	30 发
有效射程	200 米
射速	450 发 / 分

性能特点

M3 冲锋枪刚开始服役时，美军士兵对 M3 的外观表现出极大的不习惯。但是被士兵们耻笑为“黄油枪”的 M3 冲锋枪一投入实战后，因射击时易于控制，很快就得到了美军士兵们的信赖。M3 配备了实用 9 毫米 ×19 毫米枪弹的口径转换套件。换上该套件就可以发射 9 毫米 ×19 毫米枪弹和使用英国司登冲锋枪的弹匣，口径转换套件由枪机、枪管和弹匣插入口的弹匣转换套组成。

知识链接 >>

M3A1 是 M3 的改进型。1944 年，M3 冲锋枪经过了战争的考验，暴露出了一些缺点，美国军方根据使用 M3 冲锋枪的经验，对其进行改进，M3 的曲柄，首发装填机柄由于磨损，不便使用，因而去掉曲柄，改为用手直拉枪机后挂。此外还有一些小的地方做了修改，改动后的 M3 定型为 M3A1，1944 年年底开始配发部队使用。

▲ M3 冲锋枪

PPSH-41 冲锋枪（苏联）

简要介绍

PPSH-41 冲锋枪，又称波波沙冲锋枪、人民冲锋枪、人民转轮枪，由苏联著名轻武器设计师格里戈利·斯帕金设计，目的是为取代结构复杂的 PPD 系列冲锋枪。PPSH-41 是一支出色的冲锋枪，它成为二战中主要的苏联制式武器。苏联常常整团甚至整师装备此枪，使他们在近距离上取得无法比拟的火力优势。

研制历程

1939 年的冬季战争，芬兰的索米 M1931 冲锋枪重创苏联步兵，苏联高层深感危机。1939 年 12 月，斯大林签署命令要求加快新式冲锋枪的研制。可鉴于索米冲锋枪和 PPD 冲锋枪制造工艺过于复杂，并不适合大规模生产。设计一支既要性能接近索米冲锋枪，又要便于生产的枪，这个严苛的任务交到了苏联枪械设计师格里戈利·斯帕金手中。

1940 年 9 月，斯帕金设计出一种新型冲锋枪。经过 2 个月的试验和与 PPD 的竞争，斯帕金设计的武器最终获胜。12 月 21 日，苏联国防委员会正式采用斯帕金冲锋枪，命名为 PPSH-41。1942 年年中开始大批量生产。到 20 世纪 40 年代末，该系列枪已生产了约 600 万支，是二战中产量最大的冲锋枪。

基本参数	
枪长	828 毫米
枪重	3.6 千克
口径	7.62 毫米
容弹量	35 / 71 发
有效射程	200 米
初速	488 米 / 秒
射速	900 发 / 分

性能特点

PPSH-41 冲锋枪结构简单，只要把莫辛·纳甘步枪的枪管一分为二，即可得到两根 PPSH-41 枪管。除枪管之外，其主要零件可在汽车修理厂或锡厂由不熟练的劳动力使用非常简单的设备生产，使得更多熟练的技术工人可以投入其他更为精密的零件生产。PPSH-41 只分为 87 个零件，而 PPD-40 则分为 95 个零件。

知识链接 >>

1941年6月22日，德国发动了对苏联的入侵。战争初期，德军的攻势势如破竹，苏联大部分的兵工厂被摧毁，而前线却迫切需要大量的武器装备，尤其是需求量最大的步枪和冲锋枪。在这种情况下，只有生产“最简单的结构、最经济的设计、最优良的火力”的冲锋枪才是上上之举。就在这时，苏联的枪械设计师斯帕金的得意之作——PPSH41冲锋枪正好完成了测试工作，投入了生产。

▲ PPSH-41 冲锋枪

MP18 冲锋枪（德国）

简要介绍

MP18 冲锋枪，或称伯格曼冲锋枪，是在一战末期大量投入实战的冲锋枪，是一战中冲锋枪的扛鼎之作。MP18 冲锋枪的问世虽然对战局没有决定性影响，却引起协约国方面的重视。一战后签订的凡尔赛条约，作为战败国的德国，冲锋枪是在禁止继续研发与制造的武器之列，战前生产的 MP18 只能交由德国（魏玛共和国）警察使用。

研制历程

一战期间战斗转入堑壕战后，先是猛烈的炮火袭击，然后步兵上刺刀进行集群冲锋，步兵以密集队形集群冲锋会遭到机枪的火力导致大量伤亡。一战后期德国军队为打破堑壕战的僵局采用一种称为“暴风突击队”的小分队“渗透突击战术”，当时机枪的重量大不适合单兵便携，需要近距离的火力猛烈而又轻便可靠的单兵使用轻武器，1917 年德国研制了使用手枪子弹的自动武器来配合渗透突破堑壕的突击战术，这种冲锋枪定名为 MP18，设计者为胡戈·施迈瑟，后来经过改进而成 MP18 Ⅰ，由伯格曼兵工厂生产。

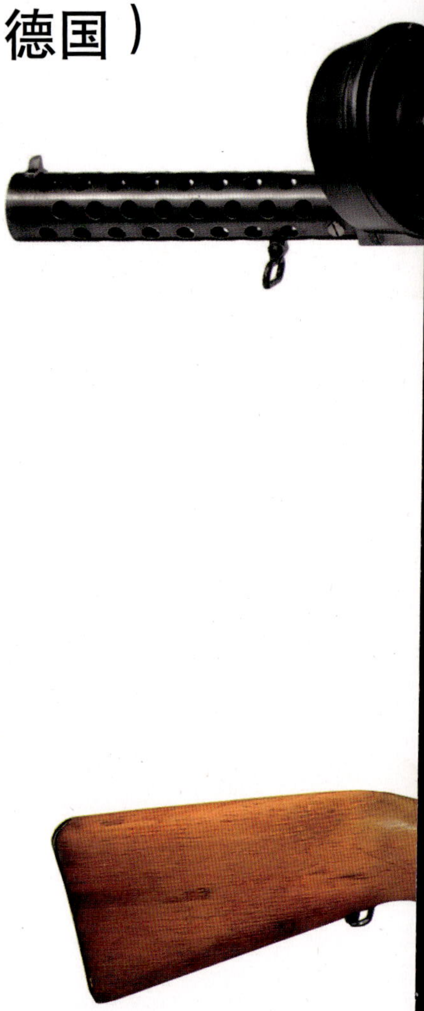

基本参数	
枪长	815 毫米
枪重	4 千克
口径	9 毫米
容弹量	20 / 32 发
有效射程	150 米
初速	380 米 / 秒
射速	400 发 / 分

性能特点

MP18 冲锋枪采用自由枪机原理，适合该闭锁系统是鲁格手枪使用的 9 毫米口径帕拉贝鲁姆手枪弹。为能有效散热采用开膛待机方式，枪机通过机匣右侧的拉机柄拉到后方位置，卡在拉机柄槽尾端的卡槽内实现保险。这样的固定方式不够保险，意外受到某种震动时拉机柄会从卡槽中脱出，导致枪机向前运动击发枪弹发生走火。MP18 最醒目的特征是枪管上包裹套筒，套筒上布满散热孔，连续射击有利散热。

▲ MP18 冲锋枪

知识链接 >>

在中国，MP18 冲锋枪不但从外国进口，也在国内多家兵工厂生产，在当时冲锋枪并不是被称为冲锋枪而是叫作手提机枪。MP18 冲锋枪因为比同样引进中国军队里的汤普森冲锋枪结构简单以及制作容易，制造和装备数量远比汤普森冲锋枪多。MP18 冲锋枪在中国并没有大量装备在一般部队的士兵身上，大部分都是装备在较精锐的突击队或近卫队中。

MP34 冲锋枪（德国 / 奥地利）

简要介绍

MP34 冲锋枪，亦称 34 型冲锋枪，是一款结实坚固、制作极其优良的武器。该枪在德国设计，经过设在瑞士的一家德国公司完善，最后由奥地利制造。奥地利军队最先使用，在二战期间被德国国防军和武装党卫队采用，1942 年被葡萄牙采购。该枪直到 20 世纪 70 年代末还被葡萄牙的税务检察官员使用。

研制历程

德军在一战中认识到了冲锋枪的巨大潜力，战后便在 MP18 冲锋枪基础上研制出 MP34 冲锋枪。为了规避凡尔赛和约，德国在 1929 年收购了瑞士苏罗通公司，开始秘密生产样枪，最初该枪被命名为苏罗通 S1-100 冲锋枪，后来按照德国方式命名为 MP34。由于苏罗通公司的生产能力不足，德国又买下了奥地利斯太尔 - 曼利夏有限公司控股权，在该公司生产 MP34。因此该枪也被称作斯太尔—苏罗通 MP34 冲锋枪。

基本参数	
枪长	808 毫米
枪管长	200 毫米
枪重	4.4 千克
口径	9 毫米
容弹量	32 发
有效射程	200 米
初速	410 米 / 秒
射速	500 发 / 分

性能特点

MP34 采用自由枪机式自动原理，可单、连发发射子弹，轻扣扳机为单发，将扳机扣到底为连发。其枪管外设有护筒，可防止射击过程中灼热的枪管烫伤射手。MP34 制动装置为枪栓基体与枪栓气缸，这种制动装置也被用于芬兰的苏米 1931 冲锋枪。

▲ MP34 冲锋枪

知识链接 >>

冲锋枪（SMG），又称短机枪、次机枪，旧译手提机枪，一般泛指使用手枪子弹的连发枪械，冲锋枪的设计者对这种武器的共同设计诉求为“轻便”及“全自动射击”。冲锋枪是介于手枪和机枪之间的武器，比步枪短小轻便，便于突然开火，射速高，火力猛，适用于近战或冲锋，因而得名“冲锋枪”。

MP40 冲锋枪（德国）

简要介绍

MP40 冲锋枪，亦称施迈瑟冲锋枪，是一种为方便大量生产而设计的，与传统枪械制造观念不同，广泛应用于二战期间德国军队、性能优良的冲锋枪。手持 MP40 的士兵，后来成为第二次世界大战中德国军人的象征。

研制历程

二战期间制作精良的武器简化生产工艺以及降低生产成本是军方考虑的主要问题。波兰战役以后，为了进一步简化生产工艺，提高生产效率，德国军工企业根据实战的经验，在 1940 年对 MP38 进行改进，使它造价更低，工时更少，安全性更高。于是诞生了大名鼎鼎的 MP40 冲锋枪。MP40 用大量冲压、焊接工艺的零件代替 MP38 的零件，降低成本，标准化的零件在各工厂分头生产，在总装厂统一装配，容易大批量生产，甚至一些非军工企业也能分包生产零部件，具有良好的加工经济性和零件互换性。在 1940 年至 1945 年间，共生产了 1037400 余支。

基本参数	
枪长	833 毫米
枪管长	251 毫米
枪重	4.027 千克
口径	9 毫米
容弹量	32 发
有效射程	200 米
初速	381 米 / 秒

性能特点

MP40 是容易控制的优良武器，它的后坐力相对较小。在极冷的条件下，它的供弹可靠性很强，基本没有卡壳的危险。英国的司登冲锋枪虽然也比较容易控制，但是该枪造型独特，射击时必须一手托住枪托，一手在侧面抓住弹夹，在枪身上下移动时候很费力，只适合水平扫射，而且其供弹可靠性太差，经常莫名其妙地卡壳。

知识链接 >>

MP40 冲锋枪采用自由枪机式原理，使用 9 毫米口径手枪弹，直型的 32 发弹匣供弹。管状机匣，裸露式枪管。握把护板均为塑料件。用钢管制成的造型简单的折叠式枪托，向前折叠到机匣下方，方便于携带。枪管座钩状形状可由装甲车的射孔向外射击时钩住车体，避免因后坐力或者因车辆颠簸使枪管退回到车体内。该枪结构简单，设计精良，枪的分解与结合不需用专门工具，非常方便。

▲ MP40 冲锋枪

HK MP5

黑克勒－科赫 MP5 冲锋枪（德国）

简要介绍

MP5 系列是由德国军械厂黑克勒－科赫所设计及制造的冲锋枪。由于该系列冲锋枪获多国的军队、保安部队、警队选择作为制式枪械使用，因此具有极高的知名度。到 20 世纪 80 年代， MP5 又从美国获得大量的订单，首先是军方的特种部队，然后是各地的执法机构。在世界各国，MP5 差不多成了反恐怖特种部队的标志。

研制历程

20 世纪 50 年代初，北约和华约开始进行冷战对峙阶段，1954 年联邦德国制定了新的军备计划，并开展了与制式步枪不同的制式冲锋枪试验，以此为促进国产冲锋枪的研制开发。国内外各大枪械公司参加了这次试验。同年，为参加这次试验，H&K 公司开始了命名为“64 号工程”的设计工作，这项设计的成品是使 G3 步枪小型化的冲锋枪，命名为 MP · HK54 冲锋枪。20 世纪 60 年代初，H&K 公司忙于 G3 步枪的生产，未能顾及 HK54 的发展。1965 年，H&K 公司才公开了 HK54，并向德国军队、国境警备队和各州警察提供试用的样枪。1966 年秋，西德国境警备队将试用的 MP · HK54 命名为 MP5 冲锋枪。

基本参数（MP5A2）	
枪长	680 毫米
枪管长	225 毫米
枪重	2.54 千克
口径	9 毫米
容弹量	15 / 30 发
有效射程	200 米
初速	400 米 / 秒

性能特点

MP5 的性能优越，特别是它的射击精度相当高，这是因为 MP5 采用了与 G3 步枪一样的半自由枪机和滚柱闭锁方式。MP5 的连发后坐力极低，单手使用也不是什么问题，枪托顶在肩上也几乎没感觉。3 ~ 4 发的短点射可以全部打在一个洞里面（20 米距离）。如果是超过 7 ~ 10 发的长点射，就得停下来对准目标重新开火。

知识链接 >>

1977 年 10 月 17 日，德国边防警察第 9 反恐怖大队（GSG9）在摩加迪加机场的反劫机行动中使用了 MP5，4 名恐怖分子均被 MP5 击中，3 人当即死亡，1 人重伤，人质获救，MP5 在近距离内的命中精度得到证明。此后德国各州警察相继装备 MP5，而国外的警察、军队特别是特种部队都注意到 MP5 的高命中精度，于是出口逐渐增加。

▲ MP5 冲锋枪

HK MP7

黑克勒－科赫 MP7 冲锋枪（德国）

简要介绍

MP7 是一款由黑克勒－科赫公司所研发的个人防卫武器，具有很强的穿透能力，主要作为个人防卫武器使用。MP7 大量采用塑料作为枪身主要材料，瞄准方式则采用折叠式的准星照门，可装配美军标准皮卡汀尼导轨，允许使用者自行加装各式瞄具。MP7 推出后大受欢迎，已被德国 KSK 特种部队、宪兵部队以及英国 SAS（特别空勤团）、美军海军陆战队装备，并被德国联邦国防军确定为“未来步兵”计划中的武器装备之一。该枪还参加了阿富汗战争、科索沃维和行动。

研制历程

1980 年代后期，正是 G11 无壳弹枪研制进行得如火如荼的时候，H&K 公司以 4.73 毫米口径的无壳弹为基础提出了近程自卫武器（NBW）概念，并于 1990 年 4 月制造出了样枪。后来随着 G11 的结束，发射无壳弹的 NBW 方案也终止了，但是近程自卫武器的设想并没有终止。按照北约提出的单兵自卫武器的大体要求，H&K 公司继续推进 NBW 的研制，并称其为单兵自卫武器（PDW），同时采用了普通的铜壳枪弹代替无壳弹。2000 年，PDW 开始列装德军，并被正式命名为 MP7 冲锋枪。

基本参数	
枪长	640 毫米
枪管长	180 毫米
枪重	1.8 千克
口径	4.6 毫米
容弹量	20 / 40 发
有效射程	200 米
射速	1000 发 / 分

性能特点

MP7 的人机工效较好，在结构设计上十分注重可操作性，快慢机、弹匣扣、枪机保险等均能左右手操作，除更换弹匣外，整个操枪射击过程完全可以由单手完成。MP7 野外分解结合方便，全枪仅由 3 个销钉固定，只要有枪弹作为“工具”，用弹尖顶出固定上、下机匣和枪托组件的固定销即可分解擦拭。

知识链接 >>

MP7 在《AVA 战地之王》等许多游戏中，都是以低威力、高射速、高稳定的方式出现的。其极高的射速和稳定性，以及其 40 发的弹容量，从一定程度上弥补了攻击力的不足。由于使用 4.6 毫米 ×30 毫米子弹，穿甲性能较为优秀。而它那能与手枪媲美的机动性，则能让玩家们像疾风一般在战场中驰骋。

▲ MP7 冲锋枪

STEN SUBMACHINE GUN

司登冲锋枪（英国）

简要介绍

司登冲锋枪，英文名称STEN和英文的“恶臭”（Stench）发音相似，使它有了一个绰号“臭气枪”。司登冲锋枪不只配给英国军队使用，也曾大量空降给占领区内的反抗军使用，近至法国，远至马来西亚，因为它简单耐用，而且很便宜。

研制历程

二战初期，英联邦军队没有装备制式冲锋枪，面对拥有大量自动化轻武器的德军部队，在单兵火力上明显占下风。当时，英国两个枪械设计师谢波德和杜赛宾在恩菲尔德兵工厂着手研发冲锋枪。研发成功后命名时取设计者 Shepperd 和 Turpin 姓氏的首字母和工厂名称 Enfield（恩菲尔德）前两个字母组成，即 Sten，中文音译为“司登”。

司登冲锋枪制造起来省工省料，成本非常低，在满足最基本性能要求的前提下尽可能地降低成本。司登冲锋枪有 6 个型号，分别是：Mk.I、Mk.II、Mk.II（S）、Mk.III、Mk.IV 和 Mk.V。最初型号 Mk.I 在 1941 年中研发投产，Mk.II 是其中最常用的型号。司登冲锋枪在二战中总产量高达 375 万支。

基本参数（STEN Mk.I）	
枪长	896 毫米
枪管长	196 毫米
枪重	3.3 千克
口径	9 毫米
容弹量	32 发
有效射程	100 米
初速	381 米 / 秒
理论射速	550 发 / 分

性能特点

司登冲锋枪耐用易生产，由 47 个零件组成，结构非常简单，绝大多数组件是冲压而成，只有枪机和枪管需要机床作业。枪托是一根钢条和一块钢板焊接而成，枪身是一根钢管，透过枪栓槽可以看见里面的弹簧。司登冲锋枪有两个致命弱点，让盟军士兵牢骚满腹。首先它的弹匣和供弹装置照抄德国 MP38，经常会卡壳；其次它的保险装置很不可靠，稍微一碰就会走火，不少同盟国军队士兵还没到达前线就被自己的冲锋枪击伤甚至毙命。

知识链接 >>

二战期间，不少同盟国军队士兵不是被敌人打死，就是被司登冲锋枪走火打伤或打死。所以，有些军队规定拿司登冲锋枪都要走在前面，避免误伤战友。英国士兵相信，只要将司登冲锋枪扔出去，绝对会有走火的枪弹击伤敌人。于是，司登冲锋枪成了盟军士兵又爱又恨的武器。

▲ 司登冲锋枪

斯特林冲锋枪（英国）

简要介绍

斯特林冲锋枪，亦称 L2A1 9 毫米冲锋枪，商业名称是 MK2。它是司登冲锋枪的继任者。两者交替之际，正是二战结束后，军用冲锋枪发展的黄金时期。斯特林冲锋枪以其更加简洁的设计，更加现代化的制造工艺，更高的可靠性和安全性博得了士兵的喜爱。它自诞生以来得到了长足发展，武器推陈出新，产品形成系列，以斯特林 L2A3 冲锋枪为基本型，后又发展出微声型 L34A1 以及一种拓展型的 MK6 警用卡宾枪。该枪除英国使用外，还向 90 多个国家出口。

研制历程

1942 年，英国人乔治·威廉·帕切特设计出一种冲锋枪，随即与斯特林工程公司合作，对该枪进行不断改良和发展。二战结束前，斯特林冲锋枪样品试制成功。

1945—1953 年之间，为更替原有的老式武器，英国举行了装备选型试验，斯特林冲锋枪最终以明显优势胜出。英国随后宣布将其作为大不列颠帝国的基本防御武器之一。总产量达到 50 万支以上。

基本参数	
枪长	710 毫米
枪重	2.7 千克
口径	9 毫米
容弹量	32 发
有效射程	100 米
初速	550 米 / 秒

性能特点

斯特林冲锋枪的设计是很成功的，较司登冲锋枪有了很大进步，其保留了司登冲锋枪结构简单、加工容易的优点，同时减小了全枪的体积和质量。它的瞄准基线更长，射速更低，对提高射击精度有利，侧向安装的弹匣降低了火线高度，有利于减小卧姿射击时射手的暴露面积。该枪另一优点是弹匣容弹量大，火力持续性好，而且其发射机采用模块化设计，安装和更换都很方便。

知识链接 >>

L34A1 在枪管前部加装了整体式消声器，消声器一般是不分解的。该枪在枪管外围均布有 72 个泄压孔，外面还套有两个开有不同孔径小孔的隔离套，火药燃气经过泄压孔和隔离套小孔两次泄压后，压力大大降低，再进入消声器前部安装的多个螺旋片状消声碗内，火药燃气发生回旋和相互碰撞，会进一步降低从枪口时喷出的燃气压力，以此达到消声和消焰的目的。

▲ 斯特林冲锋枪

乌兹冲锋枪（以色列）

简要介绍

乌兹冲锋枪是以色列军人乌兹·盖尔研制的。该枪结构紧凑、动作可靠、勤务性好，采用枪机自由后坐自动方式，快慢机有全自动射击、半自动射击、手动保险三档。乌兹冲锋枪目前为全世界广泛地使用，轻便、操作简易及低成本令乌兹冲锋枪成为一种十分有效的近战武器，尤其是用于清除室内、碉堡及战壕里有生目标，亦是常见于机械化部队的自卫武器。

研制历程

1948 年，以色列军队正式组建，使用的冲锋枪五花八门，这对于初次使用新式武器的士兵来说，简直是一场噩梦。随之而来的保养维修、零件更换等问题也令军方头疼。于是以色列国防军上尉乌兹·盖尔开始着手制造一把可靠、轻巧、制造简单的冲锋枪。他博采众长，最后设计出一把微型冲锋枪。1951 年开始生产，在 1956 年第二次中东战争中服役并取得令人满意的效果，其后开始量产。乌兹冲锋枪拥有众多的型号及仿制枪，其中 MAC-10 是乌兹家族里最有代表性，使用最广泛的一个，也是微型冲锋枪的先驱。

基本参数	
枪长	640 毫米
枪管长	260 毫米
枪重	3.5 千克
容弹量	25 发
有效射程	200 米
初速	400 米 / 秒

性能特点

乌兹冲锋枪具有两个明显特点，一是相比之下，其枪身比其他的冲锋枪更短；二是它的可靠性能极佳，放进水里，埋在沙下，甚至扔下悬崖，依然完好无损。另外，还具有良好的平衡性，无论是举在肩膀前射击还是腰部射击，它都非常舒适。乌兹冲锋枪采用握把式保险（位于握把背部，必须保持按压才可发射），减低了走火机会，握把内藏弹匣的设计令射手在黑暗环境时仍可快速更换弹匣。

知识链接 >>

短枪管突击步枪的出现，给冲锋枪带来了巨大的冲击，短枪管突击步枪的各方面性能均力压冲锋枪，且有利于统一型号，方便训练、后勤保障管理，令冲锋枪在各国军队中都不再吃香，乌兹冲锋枪也慢慢退出了以色列军队的装备序列，但其仍是以色列和一些国家的特种部队采用的近战武器之一。

▲ 乌兹冲锋枪

萨博博福斯动力 CBJ-MS 冲锋枪（瑞典）

简要介绍

CBJ-MS 冲锋枪是在以色列的乌兹冲锋枪基础上改进而成，但是异乎寻常，必要时可充当手枪、冲锋枪、突击武器和轻型支援武器。它也可以现场转换其口径，转换程序完成后就可发射两种口径的弹药之一。对于纯粹的军事用途上，CBJ-MS 发射的是特别为其研制的新型 CBJ 子弹；但只要通过简单地改变枪管，它就可以发射较适合警察、训练和其他特殊用途的鲁格手枪弹。

研制历程

CBJ-MS 是由瑞典枪械设计师伯蒂尔·约翰逊设计，萨博博福斯动力公司提供研究赞助，目前由 CBJ 技术有限公司生产的最新型冲锋枪。2000 年 8 月首次公开。伯蒂尔·约翰逊早年曾经在美国工作，他在 1983 年的时候设计出维京海盗冲锋枪，这是一种 T 形布局冲锋枪，类似于乌兹冲锋枪那样，弹匣插在垂直握把内，采用伸缩式枪托，结构紧凑，体积小巧。该枪在美国推销失利，他回到瑞典。经过十多年的反复修改和完善，伯蒂尔·约翰逊终于设计出一种全新的武器系统，命名为 CBJ-MS。

基本参数	
枪长	535 毫米
枪管长	200 毫米
枪重	3.05 千克
口径	6.5 / 9 毫米
容弹量	30 发
有效射程	150 米
射速	700 发 / 分

性能特点

CBJ-MS 的射速并不高，约为 700 发 / 分，连发时很好控制。而 6.5 毫米 ×25 毫米 CBJ 弹的后坐力比 9 毫米 ×19 毫米鲁格子弹更低，连发时的散布相当密集，再加上初速高、弹道低伸，因此命中率比较高。

知识链接 >>

CBJ-MS 与乌兹冲锋枪一样使用包络式枪机，在枪机闭锁时包覆着枪管尾部的大部分，从而缩短枪机运作距离，亦能达到缩短全枪总长度。由于机匣上方设有皮卡汀尼战术导轨，因此其拉机柄由早期型乌兹冲锋枪的设于机匣顶部的 U 型拉机柄改为装在机匣尾部的塞子型拉机柄。向后拉动拉机柄时使枪机待击，松手后自动弹回，而且射击时不会跟随枪机一起运动。

▲ CBJ-MS 冲锋枪

SUOMI M1931

索米 M1931 冲锋枪（芬兰）

简要介绍

索米 M1931 冲锋枪是芬兰军队的标准装备，它在苏芬战争中声名远扬，苏芬战争后，索米冲锋枪的订单开始大增，仅 1940—1944 年，就向保加利亚、德国、克罗地亚、瑞典等国出口了 18000 余支。瑞典、丹麦和瑞士还购买了索米冲锋枪的仿制生产和销售授权。不过索米冲锋枪是精英部队的武器，造价过高，工序过于复杂，并不适合大量生产，索米冲锋枪在二战时期的总产量也不过 8 万余支。

研制历程

第一支真正的芬兰国产冲锋枪 M26 出自设计师艾莫·约翰尼斯·拉蒂。1929—1930 年，拉蒂在 M26 基础上推出了一款冲锋枪，该枪使用的弹鼓供弹具是拉蒂的朋友克斯金设计的，后来，克斯金设计的 71 发弹鼓也成为芬兰冲锋枪的主要供弹具。新枪获得了军方的认可，1931 年在芬兰蒂卡科斯基兵工厂投入批量生产，同年被芬兰军队正式列装，定名为 M1931。拉蒂对自己的设计充满信心，甚至用“芬兰”来命名自己的冲锋枪（“索米”是由“芬兰”演变而来的）。

基本参数	
枪长	870 毫米
枪管长	314 毫米
枪重	4.6 千克
口径	9 毫米
容弹量	25 / 71 发
有效射程	200 米
初速	396 米 / 秒
发射速度	900 发 / 分

性能特点

M1931 只保留了 M26 的可卸枪管和拉机柄，枪机基本上是全新的设计，全枪比 M26 更重，长度则缩短了 4 厘米；取消了射速调节机构；快慢机—保险手柄改设在扳机附近；采用片状准星和弧形座式可调表尺，最大标称射程 500 米；套筒前方设计成向下的斜面可起到一定的防跳作用，令武器在射击时更加平稳；木制枪托也有所改进，以便使抵肩更加舒适；供弹具为 25 发盒式直弹匣和 71 发弹鼓。

知识链接 >>

1939—1940 年苏芬战争初期，芬兰军队装备的索米冲锋枪比例约为每 44 名士兵才装备一支。但配合着芬军机动灵活的战术运用，有限数量的索米冲锋枪在防御作战和丛林、山地游击战中给了苏军沉重打击。而索米冲锋枪的威名不仅建立在战场的厮杀中，更是因为芬军对冲锋枪战术的运用给苏军留下深刻印象。

▲ 芬兰士兵使用索米冲锋枪

SCORPION SUBMACHINE GUN

蝎式冲锋枪（捷克斯洛伐克）

简要介绍

蝎式冲锋枪，是由原华约国家捷克斯洛伐克生产的口径为7.65毫米的M61式冲锋枪，体积不比战斗手枪大多少，所以有人认为它应该算作冲锋手枪。虽然它的实战效果不太理想，然而，该枪在轻武器史上却占有一席之地。该枪被捷克斯洛伐克警察、安全部队和反恐怖部队广泛采用。但同样的，由于它尺寸小极易隐藏，而且消声效果极好，因此也被一些恐怖主义组织使用。

研制历程

蝎式冲锋枪在1950年后期开始研制，由米罗斯拉夫（1924—1970）设计，其目的是为非一线战斗步兵单位提供一种重量轻的但比手枪更有效的个人防卫武器。该枪的第一个原型在1959年制造，正式获得采用是在1961年，并被定型为1961型冲锋枪，简称SA Vz.61。该枪定型后很快就取代了捷克斯洛伐克军队原装备M52 7.62毫米手枪，主要装备伞兵、特种部队、装甲车/直升机组成员和军官。该枪也大量出口到国外，非洲国家的一些军队或警察也装备该枪。

基本参数	
枪长	522毫米
枪管长	115毫米
枪重	1.28千克
口径	7.65毫米
容弹量	10/20发
有效射程	100米
初速	317米/秒
射速	850发/分

性能特点

蝎式冲锋枪采用了传统的自由式枪机操作原理，设有半自动、三发点放和全自动这三种发射模式，采用击锤回转式击发方式，并采用闭锁式枪机以确保射击精度。其带有的空枪挂机装置可使其发射弹匣内最后一发子弹后，枪机自动后退并且保持开放状态。该枪制造精良、结构简单坚实、动作可靠、零部件互换性好，这些都是比较突出的优点。

知识链接 >>

蝎式冲锋枪既可单手射击，作手枪使用；也可打开枪托抵肩射击，作冲锋枪使用；亦可不用枪托实施双手持枪射击，一手握弹匣、一手握住握把，也能较好地控制射向；此外还可安装消音器，供执行特殊任务时使用。

▲ 蝎式冲锋枪

WINCHESTER 1897

温彻斯特 1897 型霰弹枪（美国）

简要介绍

温彻斯特 1897 型霰弹枪是一支采用外部击锤和 5 发管状弹仓的泵动霰弹枪，它有 12 号和 16 号两种口径，有多种不同长度的枪管。作为第一把成功生产的泵动霰弹枪，它一直生产到 1957 年才停产，共生产 1024700 支。不同的枪管长度和附件，使温彻斯特 1897 型霰弹枪各有不同的名字，其中最著名的要数美军装备的 M1917 堑壕枪。

研制历程

约翰·勃朗宁在为温彻斯特公司设计连发霰弹枪时曾建议采用泵动原理，虽然第一个型号 1887 霰弹枪是采用杠杆动作原理，但后来温彻斯特公司还是同意勃朗宁设计一款新的泵动霰弹枪，这就是发射黑火药霰弹的 1893 型霰弹枪。但由于 1890 年代无烟发射药开始普及，于是很快又把 1893 型霰弹枪改进成发射无烟发射药霰弹的 1897 型霰弹枪。1917 年，美国陆军把这种经过改制的温彻斯特 1897 型霰弹枪正式定型为 M1917 堑壕枪，由温彻斯特公司提交生产图纸并正式生产。温彻斯特公司在一战期间共出售 19196 支 M1917 堑壕枪给美军。

基本参数	
枪长	996.95 毫米
枪管长	914.4 毫米
枪重	3.6 千克
口径	10号、16号霰弹
有效射程	20.12米

历史趣闻

德国政府曾在一战中强烈抗议美国违反国际公约，使用 M1917 堑壕枪这种无人道的杀伤兵器；并且，德军司令部声称凡是携带堑壕枪的美军士兵被逮捕后立即处决。美国陆军针锋相对地表示，德方胆敢处死一名携带堑壕枪的美军士兵，美方将揪出一名德军俘虏偿命。最后的结果是，德方的抗议无效，双方均未采取报复行动。后来德国人的对抗手段是研制了自己的堑壕战压制兵器——MP18 冲锋枪。

知识链接 >>

由于 M1917 堑壕枪采用短枪管并能安装刺刀，泵动快速上弹和 6 发容弹量（加上膛内 1 发）的火力，加上 12 号霰弹在近距离内的命中率和杀伤效果，使得该枪在近距离战斗中极为有效，因此在法国被称为“堑壕清扫器”，而且这种“堑壕清扫器”把德国人给吓坏了，以至于他们要求禁止使用此枪作为战斗武器。

▲ 温彻斯特 1897 型霰弹枪

ATCHISSON AA-12

艾奇逊 AA-12 自动霰弹枪（美国）

简要介绍

艾奇逊 AA-12 是诞生在美国的一种自动霰弹枪，它特别适合特种部队、守备部队、巡逻部队、反恐怖部队等在下列情况下使用。一是近距离战斗，此枪特别适用于丛林战、山区战、城市战及保护机场、海港等重要基地和特殊设施。二是突发战斗，此枪在夜战、遭遇战及伏击、反伏击等战斗中能大显身手。三是防暴行动，发射催泪、染色弹的霰弹枪可以用来驱散聚众闹事的人群，抓捕犯罪分子。

研制历程

美国枪械设计师麦斯威尔·艾奇逊根据越南战争的经验，在 1972 年研制了一种全自动霰弹枪。后来，为了能发射威力更大的强装鹿弹或军用钢矛霰弹，改用导气式操作系统，并将该枪命名为“艾奇逊突击 -12”，简称 AA-12。

然而，多年来艾奇逊的设计无人赏识。到了 1987 年年底，艾奇逊濒临破产，无奈之下，他只得把 AA-12 的专利权及全部图纸都卖给了田纳西州宪兵系统公司（MPS）。MPS 公司进行改进，从 2004 年开始，美海军陆战队已在位于匡提科的海军陆战队战斗实验室对 AA-12 进行了多次试验。试验结果令美海军陆战队感到满意。

基本参数	
枪长	991 毫米
枪管长	457 毫米
枪重	5.2 千克
容弹量	5 / 20 发
理论射速	360 发 / 分

性能特点

AA-12 采用与 M1928 汤普森冲锋枪类似的顶部拉机柄，有一个延长段充当防尘盖，防止异物通过拉机柄槽进入机匣内。射击时，拉机柄不随枪机运动。AA-12 的准星和照门各安装在一个钢制的三角柱上，结构简单。准星可旋转调整高低，而照门可以通过一个转鼓调整风偏。

知识链接 >>

霰弹枪旧称为猎枪或滑膛枪，现在有时又被称为鸟枪。霰弹枪的枪管较粗，子弹粗大，射击的时候声音很大。枪口径在12毫米～20毫米，火力大，杀伤面宽，是近战的高效武器，已被各国军队、特种部队和警察部队广泛采用。

▲ 艾奇逊 AA-12 自动霰弹枪

BROWNING AUTO-5

勃朗宁 Auto-5 霰弹枪（美国）

简要介绍

勃朗宁 Auto-5 是一支由美国著名轻武器设计家约翰·勃朗宁设计、后坐作用操作的半自动霰弹枪。其名字是来自这支自动装填霰弹枪的 5 发霰弹装弹量，其中 4 发霰弹在管状弹仓内，另外 1 发在枪膛之内。它可发射 12 号霰弹、16 号霰弹或 20 号霰弹。这也是全球第一支成功的自动装填霰弹枪的设计，直到 1998 年才停止生产。它采用一种独特的高尾部设计，使其获得了“驼背”的绰号。

研制历程

Auto-5 由约翰·勃朗宁在 1898 年设计完成并在 1900 年取得其专利权，从 1902 年开始就不断大规模生产，直到 1998 年才停止生产。当约翰·勃朗宁刚刚协助温彻斯特公司完成温彻斯特 1887 型霰弹枪后，他决定要出售大部分过去的设计图。可是温彻斯特公司拒绝了他提出的条件，勃朗宁便找到了比利时 FN 公司合作，于是 Auto-5 在 1902 年开始生产。后来，美国的雷明顿公司取得特许生产权并命名为雷明顿 M11。到了 1975 年，大部分生产线转移到日本。最后，在 1998 年，Auto-5 的主要生产商 FN 决定停产。

基本参数	
枪管长	508 毫米
枪重	3.9 千克
容弹量	5 发
有效射程	40 米
射速	240 发 / 分

性能特点

Auto-5 是一支长距离后坐作用气动式操作的半自动霰弹枪。霰弹会储藏在枪管下方的管状弹仓内，当枪膛之内的 1 发霰弹射击后，枪管和枪机就会一起向后移（向后移的距离大于弹壳长度），锁上击锤，弹出弹壳，然后下一发霰弹会从底部的管状弹仓拿出，装入枪膛内。

知识链接 >>

霰弹源于民用猎枪弹，泛指一发霰弹内包含多发弹丸的子弹，具有近距离瞄准简单、直接发射即可有多发弹丸命中目标的特点。军用霰弹枪的霰弹包括独头霰弹、飞镖霰弹、布袋弹、特种弹、催泪弹、非杀伤弹等，特别适合特种部队、守备部队、巡逻部队和反恐怖部队使用。

手持勃朗宁Auto-5霰弹枪的约翰·勃朗宁

SPAS12 霰弹枪（意大利）

简要介绍

SPAS，是 Special Purpose Automatic Shotgun 的缩写，意为“特殊用途自动型霰弹枪”，用来发射 12 号口径霰弹。它是在 20 世纪 70 年代后期诞生在意大利的一种特种用途，供军队和警察使用的近战武器，它最大的特点是可以选择半自动装填或传统的泵动装填方式操作，以适合不同的任务需求和弹药类型。SPAS12 是一种双模式操作的霰弹枪，这是因为它同时具有半自动和泵动两种发射模式。能在半自动模式下迅速发射全威力弹，又能转换成泵动装填方式以便可靠地发射低压弹。

研制历程

SPAS12 是一支由意大利弗兰齐公司在 1979—2000 年期间设计和生产的霰弹枪。SPAS12 于 1979 年 10 月首次投产。SPAS12 的自动方式采用导气式系统，环形的导气活塞套在枪管下的管状弹仓外面，闭锁方式为摆动式闭锁凸笋与枪管尾部的闭锁面咬合。由于它的通用、可靠和火力，在推出后很快就成为很流行的供警察和特种部队使用的武器，另一方面，它比其他大多数类似的霰弹枪都要沉重和复杂，相对地价格也较高。

基本参数	
枪长	1041 毫米
枪管长	546 毫米
枪重	4.4 千克
容弹量	8 发

性能特点

SPAS12 上有一个弹仓隔断器，可以切断弹仓供弹，这样射手就可以往弹膛里手动装填一发特种弹而不会从弹仓进弹。例如在战斗中射手原本在弹仓中装满了鹿弹，但突然需要发射催泪弹或破门弹，或向远距离目标射击独头弹时，这样只要按下这个开关，就可以直接往弹膛里更换弹种，而发射完这发特种弹后，可立即继续从弹仓中补充鹿弹向敌人射击。

知识链接 >>

SPAS12 彪悍的外形使得许多电影导演都喜欢它，因此在许多出现枪战场面的电影中经常都会看到这种霰弹枪，例如《终结者》《侏罗纪公园》《物极必反》《机器战警》《黑客帝国》等，而在《使命召唤》《半条命》《彩虹 6 号》《马克思・佩恩》等许多射击游戏上也经常出现这种外形彪悍的武器。

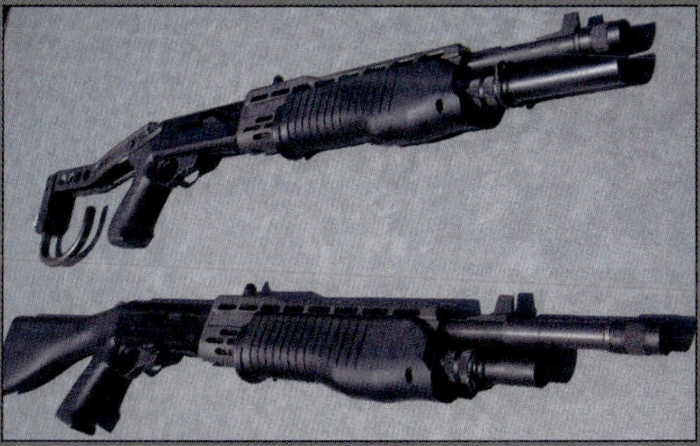

▲ SPAS12 霰弹枪

STRIKER SHOTGUN

“打击者”霰弹枪（南非）

简要介绍

“打击者”霰弹枪是一支由哨兵武器有限公司生产的防暴控制和战斗用途霰弹枪。它是一支有独特之处的霰弹枪，因为其具有 12 发大容量弹巢和较短的总长度。除了枪管和转轮以钢制造、弹巢壳以铝合金制造外，前握把和包括手枪握把在内的整个发射机构都由塑料制成，而顶部的折叠式枪托则是由金属板制成。其枪机类似左轮手枪类武器，它使用旋转式弹巢型弹鼓供弹。

研制历程

“打击者”霰弹枪是由津巴布韦人希尔顿·沃克在 20 世纪 80 年代初所设计。后来沃克搬到南非居住以后，继续完善他的设计，最后成功设计出这种大容量霰弹枪，并命名为“打击者”霰弹枪。沃克后来还对“打击者”霰弹枪进行了重要改进，移除原来以专用发条操作的弹巢旋转机构，并且增加自动抛壳系统，通过前握把联动的方式以手动驱动弹巢。这种改进型霰弹枪被称为“守护者”霰弹枪。“守护者”霰弹枪由南非 Reutech 国防工业生产，并且给南非军警使用和出口。

基本参数

枪长	792 毫米
枪管长	305 毫米
枪重	4.2 千克
容弹量	12 发

性能特点

“打击者”霰弹枪的主要优点是弹巢容量大，有着 12 发的弹容量，相当于当时传统霰弹枪弹容量的两倍，而且具有速射能力。但另一方面却有着明显缺陷，其旋转式弹巢型弹鼓的体积过大，而且装填速度较慢。

▲ “打击者”霰弹枪

知识链接 >>

在美国和加拿大，“打击者”霰弹枪因“并不适合运动的用途”被归类为“毁灭性武器”，平民完全不能购买任何“打击者”霰弹枪以及其衍生型。据俄罗斯联邦枪械管制法，在俄罗斯的“打击者”霰弹枪及其衍生型必须封闭掉转轮上的其中两个膛室，使其容弹量刚好达到法律限制的10发数量，而且也不能向民间出售短枪管型。

图书在版编目（CIP）数据

世界名枪 / 郭长存编著 . — 沈阳 : 辽宁美术出版社 , 2022.3（2025.5 重印）
（军迷 · 武器爱好者丛书）
ISBN 978-7-5314-9132-3

Ⅰ . ①世… Ⅱ . ①郭… Ⅲ . ①枪械－世界－通俗读物
Ⅳ . ① E922.1-49

中国版本图书馆 CIP 数据核字 (2021) 第 256727 号

出 版 者：辽宁美术出版社
地　　址：沈阳市和平区民族北街29号　邮编：110001
发 行 者：辽宁美术出版社
印 刷 者：天津画中画印刷有限公司
开　　本：889mm × 1194mm　1/16
印　　张：14
字　　数：220千字
出版时间：2022年3月第1版
印刷时间：2025年5月第2次印刷
责任编辑：张　畅
版式设计：吕　辉
责任校对：叶海霜
书　　号：ISBN 978-7-5314-9132-3
定　　价：99.00元

邮购部电话：024-83833008
E-mail：lnmscbs@163.com
http：//www.lnmscbs.cn
图书如有印装质量问题请与出版部联系调换
出版部电话：024-23835227